中等职业教育"十二五"规划教材

中职中专电子技术应用专业系列教材

实用电子测量技术项目教程

管 莉 主 编
朱 鸣 副主编

科 学 出 版 社

北 京

内 容 简 介

本书介绍了常用电参量的测量技术和方法，以及常用测量仪器的基本原理、操作及其应用，并且结合电子整机产品主要性能指标的检验过程，介绍了电子测量技术在产品检验中的具体应用。

全书由八个项目组成，主要内容包括：电子测量技术基础知识、测量用信号源、示波测试技术、频率与时间测量技术、电压测量技术、频域测量技术、数据域测试技术、测量技术在电子产品检验中的应用。每个项目均包含实训练习，具有很强的实践指导作用。

本书在多年职教改革实践的基础上，采用项目、任务驱动模式编写，内容丰富、先进、实用，可操作性强。

本书可作为中等职业学校电子与信息类专业的学生使用，或相关专业培训班的教材，也可供电子整机制造企业的产品调试、检验和管理人员在工作中参考。

图书在版编目(CIP)数据

实用电子测量技术项目教程/管莉主编. —北京：科学出版社，2009
中等职业教育"十二五"规划教材·中职中专电子技术应用专业系列教材
ISBN 978-7-03-024515-1

Ⅰ. 实…　Ⅱ. 管…　Ⅲ. 电子测量-专业学校-教材　Ⅳ. TM93

中国版本图书馆 CIP 数据核字（2009）第 065876 号

责任编辑：陈砺川/责任校对：赵　燕
责任印制：吕春珉/封面设计：耕者设计工作室

科 学 出 版 社 出版
北京东黄城根北街 16 号
邮政编码：100717
http://www.sciencep.com

北京虎彩文化传播有限公司 印刷
科学出版社发行　各地新华书店经销

*

2009 年 7 月第 一 版　　开本：787×1092　1/16
2019 年 8 月第八次印刷　　印张：13 1/4
字数：292 000
定价：33.00 元
（如有印装质量问题，我社负责调换〈虎彩〉）

销售部电话 010-62136230　编辑部电话 010-62135763-8020

序

　　教材是影响教学效果最重要的因素之一。职业教育的教材对教学的影响更为巨大。职业教育以就业为导向，理论与实践紧密联系，理论围着实践转，学生在实践过程中了解理论、掌握理论，同时通过理论对实践的指导来不断巩固理论，最终把理论融入到实践中，内化成自己的理论知识。这是职业教育与普通教育最大的不同之处，是我们开发、编写新时代职教教材有必要遵循的原则，也是创新创优职教教材的活水源泉。

　　项目任务式教学教材就很好地体现了职业教育理论与实践融为一体这一显著特点。它把一门学科所包含的知识有目的地分解分配给一个个项目或者任务，理论完全为实践服务，学生要达到并完成实践操作的目的就必须先掌握与该实践有关的理论知识。而实践又是一个个有着能引起学生兴趣的可操作的项目，这好比一项有趣的登山运动，登山是目标，为了登上山峰，则必须了解登山的方法、技巧、线路及安全措施。这是一种在目标激励下的了解和学习，是一种完全在自己的主观能动性驱动下的学习，可以肯定这种学习是一种主动的有效的学习。

　　编写教材是一项创造性的工作，一本好教材凝聚着编写人员的大量心血。今天职业教育的巨大发展和光明前景，离不开这些致力于好教材开发的职教工作者们。现在奉献给大家的这套中职中专电子应用技术系列教材，是在新形势下根据职业教育教与学的特点，在经历了多年的教学改革实践探索后，编写出的比较好的教材。该系列教材体现了作者对项目任务教学的理解，体现了对学科知识的系统把握，体现了对以工作过程为导向的教学改革的深刻领会。其主要特点有三。

　　第一，专业课程的选择以市场需求为导向，以培养具备从事制造企业电子类产品和电气与控制设备的安装、调试、维修的专业技能，并具有一定的电子产品开发与制作能力和初步的生产作业管理能力的高素质技能型人才为目标。毕业生可从事制造类企业电类产品生产一线的操作，低压电气设备的保养和维修，电子整机产品的装配、调试、维修等工作；也可从事电类产品生产一线的相关检验、管理等工作；经过企业的再培养，还可从事电类产品的工艺设计及营销、售后服务等工作。

　　第二，以任务引领、项目驱动为课程开发策略。把曾经系统、繁琐、难以理解的电子技术学科理论知识通过一个个实践项目分解开来，使学生易于了解与掌握。教材的每个任务单元包含着完整的完成任务的操作过程，使学生可以一步步完成任务。每次任务完成，均给学生适当评分结果。通过完成为培养岗位技能而设计的典型产品或服务，使学生获得某工作任务所需要的综合职业能力；通过完成工作任务所获得的成果，以激发学生的成就感。

　　第三，打破传统的完整的知识体系结构，向工作过程系统化方向发展。采用让学生学会完成完整的工作过程的课程模式，紧紧围绕工作任务完成的需要来选择课程内容，不强调知识的系统性，而注重内容的实用性和针对性，知识够用即可，介绍的知识是该任务需要的知识。

相信这套教材一定能为电子技术应用专业及相关电类专业的学生学习理论知识与实践技能提供一个良好的平台，一定能为职业教育的相关教学改革做出积极贡献。

杨乐文

前　言

考虑到目前中等职业学校的学生知识水平及实训设备的现状，以及当前电子测量测试领域的新情况，本书的内容既强调基础知识，又力求体现新知识、新技术、新仪器的应用，并注重实用性、可操作性，书中设置了大量的实训练习，其目的是使学生：掌握现代电子测量技术；掌握常用电子测量仪器的基本原理及基本操作方法；了解当前新测量仪器的基本原理及应用；理解实际生产实践中测量方案的制定及测量仪器的选用，会正确处理测量数据、初步分析和处理误差，使学生在掌握电子测量技术基本知识的基础上，具备电子测量技术的综合应用能力与技能。

本书在多年职教改革实践的基础上，采用项目、任务驱动模式编写，内容包括八个项目，项目一～项目五介绍了电子测量基础知识、测量用信号源及基本电参量的时域测量技术，以及相关测量仪器的原理及应用；项目六介绍了频域测量技术、测量仪器的原理及应用；项目七介绍了数据域测试技术、测试仪器的原理及应用；项目八中的实训1至实训5的基本内容介绍了电子测量技术在电子产品检验中的实际应用。

各学校可根据自己的实际情况，选择合适的实训项目对学生进行训练。在电子产品检验实训中，对本书所介绍的多项性能指标，可以有选择地进行。

本书在编写体例上采用活泼、轻松的形式，文字表达简约、通俗，并采用大量的实物外形图、示意图及表格，图文并茂，直观明了，浅显易懂。

本书参考教学学时数是 75～86 学时（3 周实训），推荐教学时数安排如下表所示。

项目序号	课程教学内容	学　时　数		
		合计	理论	实训
一	电子测量技术基础知识	8	6	2
二	测量用信号源	8	4	4
三	示波测试技术	18	12	6
四	频率与时间测量技术	12	8	4
五	电压测量技术	12	6	6
六	频域测量技术	10	6	4
七	数据域测试技术	4	2	2
八	测量技术在电子产品检验中的应用	14	4	10
总　计		86	46	40

本书由管莉（河南信息工程学校）任主编，朱鸣（河南省电子产品质量监督检验所高级工程师）任副主编，罗敬、史娟芬、王煜霞、律薇薇参与了本书的编写工作。

　　虽然编者有多年从事电子测量技术和实训课程的教学和开发工作经历，积累了一定的经验并主编过多本相关教材，但随着电子技术的飞速发展，新的测试技术、测试仪器和测量方法不断出现，加之编者水平有限、编写时间仓促，书中难免有错误和不妥之处，敬请广大读者批评指正，请将意见、建议和需求发至电子邮箱 guanli3319@126.com。在此，我们也向参考文献的作者、出版者表示衷心的感谢。

　　本教材配有供免费下载的课件，包括授课用教学包及习题答案，欢迎到科学出版社职教技术出版中心网站 www.abook.cn 下载使用。

编　者

目　　录

项目一　电子测量技术基础知识 ·· 1

　　任务一　电子测量的内容、特点及分类 ······································ 2

　　　　知识 1　测量和电子测量的基本概念 ······························· 2

　　　　知识 2　电子测量的内容、特点及分类 ··························· 3

　　任务二　测量误差和数据处理基础 ·· 8

　　　　知识 1　测量误差的表示方法 ······································· 8

　　　　知识 2　测量误差的分类和测量结果的评价 ····················· 10

　　　　知识 3　测量数据的处理 ·· 11

　　任务三　实训报告 ··· 13

　　　　知识 1　实训报告的要求及格式 ···································· 14

　　　　知识 2　实训报告的完成 ·· 14

　　　　实训 1　万用表测量直流电压 ······································ 16

　　　　实训 2　用万用表测量直流电流 ···································· 18

　　　　实训 3　用万用表测量电阻 ··· 20

　　项目小结 ··· 21

　　思考与练习 ·· 22

项目二　测量用信号源 ·· 23

　　任务一　正弦信号源 ··· 24

　　　　知识 1　正弦信号发生器的分类和组成 ··························· 25

　　　　知识 2　正弦信号发生器的性能指标 ······························ 26

　　　　知识 3　低频信号发生器 ·· 27

　　　　知识 4　高频信号发生器 ·· 30

　　　　实训　高频信号发生器操作实训 ···································· 34

　　任务二　函数信号发生器 ·· 35

　　　　知识 1　函数信号发生器的组成原理 ······························ 35

　　　　知识 2　函数信号发生器的基本应用 ······························ 36

　　　　实训　函数信号发生器操作实训 ···································· 38

　　项目小结 ··· 41

　　思考与练习 ·· 42

项目三　示波测试技术 ·· 43

　　任务一　示波测试基本方法和原理 ·· 45

　　　　知识 1　显示控制部分及操作要领 ·································· 46

　　　　知识 2　阴极射线管（CRT） ······································· 47

知识 3　如何得到清晰稳定的信号波形 ································· 49

　　实训　　示波原理测试基本操作训练（一） ···························· 53

任务二　通用示波器的组成和原理 ·· 55

　　知识 1　示波器的垂直通道（Y 通道） ······························· 56

　　拓展　　探极和输入选择开关 ····································· 58

　　知识 2　示波器垂直系统面板分布及操作要点 ························ 61

　　知识 3　示波器的水平通道（X 通道） ······························ 62

　　知识 4　示波器水平系统面板分布及操作要点 ························ 66

　　实训　　示波原理测试基本操作训练（二） ···························· 68

任务三　数字存储示波器 ·· 70

　　知识 1　什么是数字存储 ··· 70

　　知识 2　数字存储示波器的原理 ··································· 71

任务四　示波测试的基本应用 ·· 72

　　知识 1　示波法测量电压 ··· 73

　　知识 2　示波法测量周期 ··· 75

　　知识 3　示波法测量频率 ··· 76

　　知识 4　示波法测量相位 ··· 78

　　实训 1　用示波器观测正弦信号的幅度和频率 ······················ 79

　　实训 2　波形合成法测频率和相位 ································· 80

　　实训 3　调幅波调幅系数测量 ····································· 81

项目小结 ··· 82

思考与练习 ··· 82

项目四　频率和时间测量技术 ·· 83

任务一　频率的概念和几种基本的测量方法 ································ 84

　　知识 1　频率和时间的基本概念 ··································· 84

　　知识 2　测量频率的常用测量方法 ································· 84

　　知识 3　电子计数器的功能和分类 ································· 86

任务二　通用电子计数器测量原理 ·· 87

　　知识 1　电子计数器测频原理 ····································· 87

　　知识 2　电子计数器测周原理 ····································· 89

　　知识 3　电子计数器测时间间隔原理 ······························ 89

　　知识 4　电子计数器测频率比（A/B）原理 ·························· 90

　　知识 5　电子计数器累加计数原理 ································· 91

　　知识 6　电子计数器自校原理 ····································· 91

任务三　通用电子计数器基本组成 ·· 92

　　知识 1　电子计数器的基本组成 ··································· 93

　　知识 2　通用电子计数器的基本应用 ······························ 96

　　实训　　掌握电子计数器（频率计）基本操作 ························· 99

任务四　用通用电子计数器测量误差 ………………………………………… 100

　　知识1　电子计数器测量误差的来源 …………………………………… 101

　　知识2　测量误差的处理方法 ………………………………………… 103

　　实训　电子计数器应用技能训练 ………………………………………… 104

项目小结 ………………………………………………………………………… 106

思考与练习 ……………………………………………………………………… 106

项目五　电压测量技术 ………………………………………………………… 108

任务一　直流电压的测量 …………………………………………………… 109

任务二　交流电压的测量 …………………………………………………… 110

　　知识1　电子电压表的分类 ……………………………………………… 111

　　知识2　模拟式交流电压表的三种电路结构 ………………………… 111

　　知识3　由检波原理不同所构成的三种电压表 ……………………… 112

　　知识4　交流毫伏表面板结构及操作规程 …………………………… 116

　　实训　毫伏表应用技能训练 …………………………………………… 119

任务三　电压的数字化测量 ………………………………………………… 120

　　知识1　电压的数字化测量原理 ……………………………………… 121

　　知识2　数字电压表组成和特点 ……………………………………… 121

　　知识3　数字电压表的主要工作特性 ………………………………… 123

　　知识4　数字多用表特点及原理 ……………………………………… 125

　　知识5　数字万用表面板结构及操作规程 …………………………… 127

　　实训　数字万用表应用技能训练 ……………………………………… 129

项目小结 ………………………………………………………………………… 130

思考与练习 ……………………………………………………………………… 131

项目六　频域测量技术 ………………………………………………………… 132

任务一　电路系统频率特性测量技术及方法 …………………………… 133

　　知识1　点频法测量频率特性 ………………………………………… 133

　　知识2　扫频测量技术 ………………………………………………… 134

　　知识3　频率特性测试仪原理 ………………………………………… 135

　　知识4　频率特性测试仪的应用 ……………………………………… 137

　　实训　扫频仪的基本应用训练 ……………………………………… 141

任务二　信号频谱分析技术 ………………………………………………… 143

　　知识1　频谱分析的基本概念 ………………………………………… 144

　　知识2　获取频谱的基本方法及相应的频谱仪原理 ………………… 145

　　知识3　常用频谱分析仪介绍 ………………………………………… 147

　　知识4　频谱仪的正确使用 …………………………………………… 149

　　知识5　频谱分析仪的应用 …………………………………………… 149

任务三　失真度测量技术和方法 …………………………………………… 150

　　知识1　失真度测量原理 ……………………………………………… 151

知识 2　失真度仪的使用 ·· 152

实训　失真度仪应用实训 ·· 154

项目小结 ·· 156

思考与练习 ·· 156

项目七　数据域测试技术 ·· 157

任务一　数据域测试技术 ·· 158

知识 1　数据域测试基本概念 ·· 158

知识 2　数据域测试的方法 ·· 159

知识 3　数据域测试的步骤 ·· 160

任务二　数据域测试常用仪器设备 ·· 161

知识 1　数字系统静态测试常用仪器 ·································· 161

知识 2　数字系统静态测试用逻辑分析仪 ······························ 162

实训　逻辑分析仪的应用实训 ·· 166

项目小结 ·· 167

思考与练习 ·· 167

项目八　测量技术在电子产品检验中的应用 ······························ 168

任务一　电子产品检验的基本知识 ·· 169

知识 1　电子产品检验的形式 ·· 169

知识 2　电子产品检验活动内容 ·· 170

任务二　电子产品检验工艺 ··· 171

知识 1　电子产品检验的一般工艺 ······································ 172

知识 2　整机检验 ··· 172

知识 3　检验规程（检验指导书） ······································ 173

知识 4　电子产品检验质量记录 ·· 174

任务三　语言复读机主要电性能指标检验 ·································· 181

知识 1　复读机录/放音部分主要性能参数 ······························ 182

知识 2　测量仪器、设备的选用及要求 ·································· 183

实训 1　语言复读机放音通道带速误差测试 ····························· 185

实训 2　复读机抖晃率测试 ·· 185

实训 3　复读机放音通道频率响应测试 ·································· 185

实训 4　复读机放音通道信噪比测试 ···································· 185

实训 5　复读机放音通道谐波失真测试 ·································· 185

项目小结 ·· 196

思考与练习 ·· 196

参考文献 ·· 197

项目一

电子测量技术基础知识

　　测量在人们的生活中无处不在，想知道自己的身高、体重需要测量，去市场购买食物需要测量，想知道今天的气温是多少也需要测量。总之，没有测量，人们在现代社会中几乎无法生存；科学的发展更离不开测量，无数科学理论的诞生都是通过大量的实验测量结果得出的，而且这些测量结果还是发现新问题、提出新理论的依据。"没有测量，就没有科学"，测量手段的现代化，已被公认为是一个国家科学技术和生产现代化的重要条件和明显标志。

　　那么，什么是测量和电子测量？学习测量技术有什么意义？通过本项目的学习，读者将对测量和电子测量的内容、特点、基本方法，测量误差和数据处理的相关知识、测量仪器的分类等电子测量技术的基础知识有一个全面的了解和认识，为本书后续项目的学习打下基础。

知识目标

- 了解电子测量的内容、特点和基本方法。
- 了解电子测量仪器的分类及应用。
- 了解测量误差的来源与分类，掌握测量误差的表示方法。
- 理解有效数字的概念，掌握简单的数据处理知识。

技能目标

- 理解电子测量电路，会使用模拟万用表的电压挡和欧姆挡进行电压和电阻值的测量。
- 具备分析测量误差的基本能力和方法，能对测量数据进行简单处理。
- 理解并掌握实训报告的内容和格式，能独立完成实训报告的书写。

任务一　电子测量的内容、特点及分类

任务目标

- 理解测量和电子测量的基本概念。
- 了解电子测量的内容、特点和分类。
- 了解电子测量仪器的分类及应用。

任务教学模式

教学步骤	时间安排	教学方式
阅读教材	课余	自学、查资料、相互讨论
知识讲解	2学时	重点讲授电子测量的基本概念，电子测量的内容、特点和分类，电子测量仪器的应用
操作技能		结合中学物理及专业基础课程中做过的实验内容，回顾并采用多媒体课件课堂演示的方法进行

读一读

知识1　测量和电子测量的基本概念

　　天平称重是一个大家都很熟悉的测量案例，如图1-1所示，这里将待测量与一个标准量即图中所示的砝码进行比较。测量时须注意左物右码。测量结果的量值由两部分组成：数值（大小及符号）和相应的单位名称，如一堆苹果的准确质量为1.1kg。可见，测量的过程就是将待测量与一个标准量进行比较的过程。

图1-1　天平称重

　　再看一个例子：利用万用表测量电池电压，如图1-2所示。测量步骤如下。

　　1）选择量程：测量前，应先将万用表选择合适量程，因为一节电池的电压约为1.5V，这里选择万用表直流电压"V"的3V挡位即可。

2）测量方法：万用表应与被测电路并联，即按图中所示方法将万用表的红表笔接电阻正极，黑表笔接电池负极。

3）正确读数：仔细观察表盘，找到相应于"3V"挡位的刻度，注意读数时，视线应正对指针。

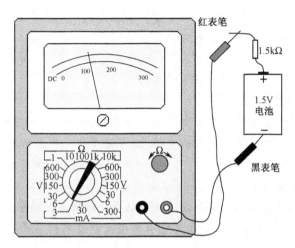

图1-2　用万用表测量电池电压

上述这个例子就是通常意义上电子测量的一个范例。通常在狭义上，利用电子技术对电子学中有关的电量所进行的测量称为电子测量。如对直流电路中电压、电流及功率进行的测量，本课程后续项目中涉及的对各种信号波形、信号频率及频谱等参数的测量等，均属于此范畴。但随着科学技术的发展，各种非电量的测量可以通过传感装置转换为电量再进行测量，如电子秤称重，冰箱、空调机的温度自动控制系统中，利用温度传感器实现对温度的测量等，这种利用电子技术对非电量进行的电子测量是测量技术中最先进的技术之一，也属于电子测量的范畴。因此，从广义上说，电子测量泛指以电子科学技术为手段而进行的测量，即以电子科技理论为依据，以电子测量仪器和设备为工具，对电量和非电量进行的测量。

知识2　电子测量的内容、特点及分类

1. 电子测量的内容

在电子学领域内，电参量的测量主要有以下几个方面。

1）电能量的测量：即测量电流、电压和电功率等。

2）元件和电路参数的测量：如电阻、电感、电容、电子器件、集成电路的测量和电路频率响应、通频带、衰减、增益、品质因数的测量等。

3）信号特性的测量：如信号的波形、频率、失真度、相位、调制度、信号频谱、信噪比等的测量。

2. 电子测量的特点和应用

（1）测量频率范围宽

电子测量的频率范围的低端除测量直流外，可测低至 10^{-4} Hz，高端可至 10^{12} Hz。但是在不同频率范围内，即使测量同一电量，所采用的测量方法和使用的仪器也不同，甚至相差很远。例如电压的测量在低频和高频范围内，需要采用不同类型的电压表。现在，由于新技术、新器件和新工艺的采用，电子测量技术正在向宽频段以至全频段方向发展，使电子测量仪器能在很宽的频率范围内工作。

（2）测量量程很宽

电子测量仪器能做到量程很宽，高达很多数量级，如一台高灵敏度的数字电压表，可以测出纳伏级至千伏级的电压，量程宽达 12 个数量级。电子计数器的量程更宽，可达 17 个数量级。

（3）测量准确度高

电子测量的准确度通常比其他测量方法高很多，特别是对频率和时间的测量，误差可减小到 10^{-13} 量级，这是目前人类在测量准确度方面达到的最高标准。因此，在一些测量过程中往往把其他参数转换成频率再进行测量，以提高测量的准确程度。

（4）测量速度快

由于电子测量是通过电子运动和电磁波的传播来进行工作的，因而可实现测量过程的高速度，这是其他测量方法所无法比拟的。

（5）易于实现遥测

对于遥远距离、人类难于到达或不便长期停留的地方，可通过传感器把待测物理量变成电信号，再利用电子技术进行测量。

（6）易于实现测量过程自动化和测量仪器智能化

电子测量的测量结果和它所需的控制信号都是电信号，易于直接或通过 A/D、D/A 转换与计算机连接。电子测量和计算机的紧密结合，使电子测量仪器向数字化的方向发展，为实现测量过程自动化创造了非常有利的条件，并且使功能单一的传统仪器变成先进的智能仪器和有计算机控制的模块式测试系统，如数字频率计、数字存储示波器、自动网络分析仪等。

计算机技术和微电子技术的高速发展给电子测量仪器及自动测试领域产生了巨大的影响。智能仪器、GPIB 接口总线、个人仪器和 VXI 总线系统等技术的采用，使电子测量仪器及自动测试领域朝着智能化、自动化、模块化和开放式系统的方向发展。

电子测量的一系列优点，使其应用的领域极其广泛。大到天文观测、宇宙航天，小到物质结构、基本粒子，从复杂奥秘的生命、细胞和遗传问题到日常的工农业生产、医学、商业各个部门，都越来越多地采用了电子测量技术和设备。从某种意义上说，现代科学技术的水平是由电子测量的水平来保证和体现的；电子测量的水平，是衡量一个国家科学技术水平的重要标志之一。

3. 电子测量的分类

（1）按测量方式分类

电子测量按测量方法分类可分为直接测量、间接测量和组合测量。三者的特点如下。

直接测量：指用已标定的仪器，直接地测量出某一待测未知量的量值的方法，例如用电压表直接测量电压。

间接测量：指测量某未知量 y，必须先对与未知待测量 y 有确切函数关系的其他变量 x（或 n 个变量）进行直接测量，然后再通过函数计算出待测量 y。例如：电功率 P 的测量，利用示波器测量信号频率等。

组合测量：如有若干个待求量，把这些待求量用不同方式组合（或改变测量条件来获得这种不同的组合）进行测量（直接或间接），并把测量值与待求量之间的函数关系列成方程组，只要方程式的数量大于待求量的个数，就可以求出各待求量的数值，这种方法又称联立测量。

（2）按被测信号性质分类

电子测量按被测信号性质分类可分为时域测量、频域测量、数据域测量和随机测量，它们的特点分别如下。

时域测量：随时间变化的函数称为时域函数，如正弦信号、方波信号等。对其进行的分析称为时域分析。如利用示波器对正弦信号的各项参数测量分析。

频域测量：测量与频率有函数关系的量称为频域测量。如利用频谱分析仪对信号进行频谱分析。

数据域测量：对数字系统逻辑特性的测量。如具有多个输入通道的逻辑分析仪可以观测并行数据的时序波形，同时可用"1"和"0"显示其逻辑状态。

随机测量：随机测试技术是认识含有不确定性的事物的重要手段。最普遍存在、最有用的随机信号是各类噪声，所以随机测量技术又称为噪声测试技术。

4. 电子测量仪器的分类及应用

在电子测量中采用的仪器称为电子测量仪器，一种电子测量仪器往往是一种电子测量技术或方法的体现。

电子测量仪器一般分为专用仪器和通用仪器两大类。一般在学校实验室使用的主要是通用仪器。本课程的一项重要的技能目标就是熟练掌握常用电子测量仪器的基本操作及应用。按照不同的测量方法分类的常用电子测量仪器与主要应用范围如表 1-1 所示，后续项目将详细分析表中主要的测量方法、测量对象的特点，并分析相对应的测量仪器的结构、原理、特性及应用。

表1-1 常用电子测量仪器及应用

测量方法	测量仪器	主要应用范围
时域测量	测量用信号源	提供测试用信号，如正弦、脉冲、函数、噪声信号等
	电子示波器	实时测量信号的电压值、周期、相位、频率、脉冲信号的上升沿、下降沿等参数
	电子计数器	测量周期性信号的频率、周期，测量频率比、时间间隔，累加计数等
	电子电压表	对正弦电压或周期性非正弦电压的峰值、有效值、平均值测量
频域测量	频率特性测试仪	测量电子线路的幅频特性、带宽、回路的 Q 值等
	频谱分析仪	测量电信号的电平、频率响应、谐波失真、频谱纯度及频率稳定度，测量电路的振幅传输特性和相移特性等
	网络分析仪	对网络特性进行测量
数据域测量	数字信号发生器	提供串行、并行数据及任意数据流信号
	逻辑分析仪	监测数字系统的软、硬件工作程序
	数据通信分析仪	数据通信网和传输设备的误码、延时、告警和频率的测量
随机测量	噪声系数分析仪	对噪声信号进行测量
	电磁干扰测试仪	对电磁干扰信号进行测量

 议一议

1) 结合所学各项学科及课程所做过的实验内容，谈谈你所了解的测量的内容及形式。

2) 结合所学各项学科及课程所做过的实验内容，谈谈哪些属于电子测量的范畴，它们具备哪些特点？

3) 结合所学各项学科及课程所做过的实验内容，谈谈你所接触到的测量仪器？哪些属于电子测量仪器？

 **评一评**

类别	检测项目	评分标准	分值	学生自评	教师评估
任务知识内容	测量和电子测量的基本概念	理解测量和电子测量的基本概念。举例说明什么是电子测量	15		
	电子测量的内容、特点和分类	举例说明电子测量的内容、特点和分类	15		
	电子测量仪器的分类及应用	理解电子测量仪器的分类及应用	20		

续表

类别	检测项目	评分标准	分值	学生自评	教师评估
任务操作技能	电子测量的基本方法，电子测量仪器的分类及应用	结合具体电子测量内容（专业基础课程实验内容），说明电子测量的基本方法，测量结果的表示方法，电子测量仪器的分类及应用	40		
	安全规范操作	安全用电、按章操作，遵守实训室管理制度	5		
	现场管理	按6S企业管理体系要求，进行现场管理	5		

什么是"6S企业管理体系"

所谓6S，是指对生产现场各生产要素（主要是物的要素）所处状态不断进行整理、整顿、清扫、清洁、提高素养及安全的活动。如表1-2所示，由于整理（Seiri）、整顿（Seiton）、清扫（Seiso）、清洁（Seiketsu）、素养（Shitsuke）和安全（Safety）这六个词在日语中罗马拼音或英语中的第一个字母是"S"，所以简称为6S。

表1-2 6S含义

中文	日语的罗马拼音	英文	典型例子
整理	Seiri	Organization	定期处置不用的物品
整顿	Seiton	Neatness	金牌标准：30s内就可找到所需物品
清扫	Seiso	Cleaning	自己的区域自己负责清扫
清洁	Seiketsu	Standardization	明确每天的6S时间
素养	Shitsuke	Discipline and Training	严守规定、团队精神、文明礼仪
安全	Safety	Safety	严格按照规章、流程作业

6S管理是企业各项管理的基础活动，它有助于消除企业在生产过程中可能面临的各类不良现象。6S管理对企业的作用是基础性的，也是不可估量的。6S管理具有以下几方面作用：

1）提升企业形象。

2）提升员工归属感。

3）减少浪费。

4）保障安全。

5）提升效率。

6）保障品质。

任务二　测量误差和数据处理基础

 任务目标 ▪▪▪▪▪▪▪

- 掌握测量误差的表示方法。
- 理解测量误差的分类和测量结果的评价。
- 掌握测量数据的一般处理方法。

➔ 任务教学模式

教学步骤	时间安排	教学方式
阅读教材	课余	自学、查资料、相互讨论
知识讲解	2 学时	重点讲授测量误差的表示方法和测量数据的一般处理方法
操作技能	2 学时	结合专业基础课程中做过的实验内容，回顾并采用多媒体课件课堂演示的方法进行

　　测量的目的是为确定被测对象的量值，准确地获取被测参数的值。一个量值在被观测时，该量值本身所具有的真实大小称为真值。在不同的时间和空间，被测量的真值往往也不同。在一定的时间和空间条件下，被测量的真值是一个客观存在的确定数值。其实真值是一个理想的概念，一般情况下无法准确得到。因此在实际应用中，通常用实际值来代替真值。所谓实际值，就是满足规定准确度要求，用来代替真值使用的量值。在实际测量中，常用高一等级或数级的计量标准所测得的量值作为实际值。

　　测量误差就是测量结果与被测量真值的差别。在测量工作中，由于测量方法、测量仪器、测量条件和人为的疏忽或错误等原因，都会使测量结果与真值不同，带来测量误差。其实，测量的价值完全取决于测量结果的准确程度。当测量误差超过一定限度，测量结果不仅变得毫无意义，甚至会给工作带来危害。研究误差的目的，就是要了解产生误差的原因及其发生规律，在一定的测量条件下减小误差，从而使测量结果更加准确可靠。

 **读一读** ▪▪▪▪▪▪

知识 1　测量误差的表示方法

　　测量误差通常表示为绝对误差和相对误差。

1. 绝对误差

　　被测量值 x 与其真值 A_0 之差，称为绝对误差，用　x 表示，即

$$x = x - A_0$$

需要说明的是：

1）这里的被测量值通常是指仪器的示值。

2）绝对误差是有大小、正负和量纲的量。

3）在实际应用中常用实际值 A 代替真值。即绝对误差表示为

$$x = x - A$$

4）修正值：与绝对误差的绝对值大小相等、符号相反的量值，称为修正值，用 C 表示：

$$C = - \quad x = A - x$$

通常在校准仪器时，以表格、曲线或公式的形式给出修正值。当测量时得到测量值 x 及修正值 C 以后，就可以求出被测量的实际值，即

$$A = x + C$$

2. 相对误差

绝对误差虽然可以表示测量结果偏离实际值的程度和方向，但不能确切地反映测量的准确程度，不便于看出对整个测量结果的影响。因此，为了弥补绝对误差的不足，又提出了相对误差的概念。相对误差又称相对真误差，它是绝对误差与真值的比值，用 γ 表示：

$$\gamma = \frac{x}{A_0} \times 100\%$$

相对误差是一个量纲为 1，只有大小和符号的量。由于真值难以确切得到，通常用实际值 A 代替真值 A_0 来表示相对误差，即实际相对误差。在误差较小，要求不太严格的场合，作为一种近似计算，也可以用测量值 x 来代替实际值 A，即示值相对误差。

3. 仪表准确度等级

在连续刻度的仪表中，为了计算和划分仪表准确程度等级的方便，计算相对误差时，改为取电表量程，即满度值 x_{m} 作为分母，这就是引用相对误差，即

$$\gamma_{\mathrm{m}} = \frac{x}{x_{\mathrm{m}}} \times 100\%$$

常用电工仪表分为 ± 0.1、± 0.2、± 0.5、± 1.0、± 1.5、± 2.5、± 5.0 七级，分别表示它们的引用相对误差不超过的百分比，常用符号 s 表示。

若某仪表的等级是 s 级，它的满度值为 x_{m}，被测量的真值为 A_0，那么测量绝对误差为

$$x \leqslant x_{\mathrm{m}} \cdot s\%$$

测量相对误差为

$$\gamma \leqslant \frac{x_{\mathrm{m}} \cdot s\%}{x_0}$$

从上式可看出，当仪表等级 s 选定后，被测量的真值越接近满度值，测量中的相对

误差的最大值越小，测量越准确。因此，在使用这类仪表测量时，应使指针尽量接近满度值，一般情况下最好指示在仪表满刻度的 2/3 以上。

小知识：应该注意的是，这个结论只适用于正向线性刻度的电压表、电流表等类型的仪表。而对于反向刻度的仪表，即随着被测量数值增大而指针偏转角度变小的仪表则不适用，如万用表的欧姆挡，由于在设计或检定仪表时均以中值电阻为基准，故在使用这类仪表进行测量时，应尽可能使表针指在中心位置附近区域，因为此时测量准确度最高。

知识 2　测量误差的分类和测量结果的评价

1. 测量误差的分类

根据测量误差的性质和特点，可将它们分为系统误差、随机误差和粗大误差三大类。

1) 系统误差：在相同条件下多次测量同一量时，误差的绝对值和符号保持恒定，或在条件改变时按某种确定规律而变化的误差称为系统误差。

造成系统误差的常见原因有：测量设备的缺陷、测量仪器不准、测量仪表的安装、放置和使用不当、测量时使用的方法不完善、所依据的理论不严密或采用了某些近似公式等。系统误差具有一定的规律性，因此可以根据系统误差产生的原因，采取一定的措施，设法消除或减弱它。

2) 随机误差：在实际相同条件下多次测量同一量时，误差的绝对值和符号以不可预定的方式变化着的误差称为随机误差。

随机误差主要是由那些对测量值影响较微小，又互不相关的多种因素共同造成的。例如热骚动、噪声干扰、电磁场的微变等各种无规律的微小变化。虽然一次测量的随机误差没有规律、不可预定、不能控制也不能用实验的方法加以消除，但是，随机误差在足够多次测量的总体上服从统计的规律，表现出一定的规律性。根据数理统计的有关原理和大量测量实践证明，很多次测量结果的随机误差的分布形式接近于正态分布，具有三个特性：有界性，即在多次测量中，随机误差的绝对值实际上不会超过一定的界限；对称性，即绝对值相等的正负误差出现的机会也相同；抵偿性，即随机误差的算术平均值随着测量次数的无限增加而趋近于零。因此，可以通过多次测量取平均值的办法来减小随机误差对测量结果的影响。

3) 粗大误差：超出在规定条件下预期的误差称为粗大误差，即在一定的测量条件下，测量结果明显地偏离了真值。它主要由读数错误、测量方法错误和测量仪器有缺陷等原因造成的。

粗大误差明显地歪曲了测量结果，因此对应的测量结果（称为坏值）应剔除不用。

2. 测量结果的评价

对测量结果可采用正确度、精密度和准确度来描述。

1）正确度：表示测量结果与真值的符合程度，是衡量测量结果是否正确的尺度。

含有粗大误差的测量结果须剔除不用。因此，任何一次测量误差都是由系统误差和随机误差组成。在测量次数足够多时，对测量结果取算术平均值，可以消除随机误差的影响，那么是系统误差使测量结果偏离被测量的真值。因此系统误差越小，就有可能使测量结果越正确。正确度表示测量结果中系统误差的大小程度。

2）精密度：表示在进行重复测量时所得结果彼此之间一致的程度。

测量结果的优劣，不能单纯用正确度来衡量，即测量的正确度相同，但是测量数据的分散程度是不同的。随机误差决定测量值的分散程度，测量值越集中，测量值的精密度越高。可见，精密度是用来表示测量结果中随机误差的大小程度的。

3）准确度：表示测量结果与真值一致的程度。

在一定的测量条件下，总是力求测量结果尽量接近真值。如果测量的正确度和精密度都高，则测量的准确度就高。准确度是表示测量结果中系统误差与随机误差综合的大小程度。

知识3 测量数据的处理

测量结果既可能表现为一定的数字，也可能表现为一条曲线或显示出某种图形。以数字表示的测量结果包含数值（大小和符号）以及相应的单位两部分，例如1.5mA、1k 等。有时为了说明测量结果的可信度，在表示测量结果时，还必须同时注明其测量误差数值或范围，如4.5±0.1V、2.30±0.01mA。为满足测量要求，需要对测量数据进行合理的有效位取舍，有时还需要进行运算。因此，什么是有效数字，如何进行数字的舍入以及有效数字的运算法则都是我们必须要掌握的内容。

1. 有效数字

由于在测量中不可避免地存在误差，并且仪器的分辨能力有一定的限制，测量数据就不可能完全准确。同时，在对测量数据进行计算时，遇到如 、$\sqrt{3}$等无理数，实际计算时也只能取近似值，因此得到的数据通常只是一个近似数。当用这个数表示一个量时，为了表示得确切，通常规定误差不得超过末位单位数字的一半。对于这种误差不大于末位单位数字一半的数，从它左边第一个不为零的数字起，直到右边最后一个数字止，都称作有效数字。

在测量过程中，正确地得出测量结果的有效数字，合理地确定测量数据位数是非常重要的。对有效数字位数的确定说明如下。

1）有效数字中除末位外前面各位数字都应该是准确的，只有末位欠准，其包含的误差不应大于末位单位数字的一半，如3.18V，则测量误差不超过±0.005V。

2）在数字左边的零不是有效数字，如0.031V，左边的两个零就不是有效数字。而数字中间和右边的零都是有效数字，不能在数据的右边随意加减零，否则会改变测量的准确程度。例如2.10V，表明测量误差不超过±0.005V，若为2.1V或2.100V，则表明测量误差不超过±0.05V或±0.0005V。

3）有效数字不能因选用的单位变化而改变。例如测量结果为2.0V，它的有效数字为两位，如用 mV 作单位，若写成 2000mV，则有效数字变为四位，这显然是错误的，应该写为 2.0×10^3mV，此时它的有效数字仍是两位。

2. 数字的舍入规则

当需要 n 位有效数字时，对超过 n 位的数字就要根据舍入规则进行处理。目前广泛采用的"四舍五入"规则内容如下。

1) 当保留 n 位有效数字，若后面的数字小于第 n 位单位数字的一半就舍掉。

2) 当保留 n 位有效数字，若后面的数字大于第 n 位单位数字的一半，则第 n 位数字进 1。

3) 当保留 n 位有效数字，若后面的数字恰为第 n 位单位数字的一半，则第 n 位数字为偶数或零时就舍掉后面的数字，若第 n 位数字为奇数，则第 n 位数字加 1。即若第 $n+1$ 位为 5，后面为零，则看第 n 位的奇偶性，奇则入，偶则舍。

以上的舍入规则可简单地概括为：小于 5 舍，大于 5 入，等于 5 时取偶数。

3. 有效数字的运算法则

在测量中，经常需要测量几个数据，经过加、减、乘、除、乘方和开方等运算后，才得到欲求的结果。为保证运算过程中的简便和准确，参与运算数据的有效数字位数的保留，原则上取决于参加运算的各数据中准确度最差的那一项。

（1）加、减运算

根据准确度最差的一项，即以小数位数最少的为准，其余数据多取一位，最后结果小数位数保留仍以小数位数最少的为准。不过，当两数相减时，若两数相差不多，有效数字的位数对结果的影响可能十分严重，就应该尽量多取几位有效数字。

（2）乘、除、乘方、开方运算

有效数字的取舍取决于其中有效数字最少的一项，而与小数点无关。最后结果的有效数字，应不超过参加运算的数据中最少的有效数字。需要注意的是，在乘方运算中，当底数远大于 1 或远小于 1 时，指数很小的变化都会使结果相差很多，对于这种情况，指数应尽可能多保留几位有效数字。

（3）对数运算

对数运算时，原数为几位有效数字，取对数后仍取几位有效数字。

议一议

1) 绝对误差与相对误差的区别与联系是什么？
2) 结合所学专业基础课程，谈谈你用过哪些电工仪表？它们的准确度等级是多少？
3) 结合用万用表的直流电压挡测量直流电压读数多少，谈谈你对有效数字的理解。
4) 本任务中介绍的有效数字取舍规则与中学时所学的规则有何不同？

评一评

类别	检测项目	评分标准	分值	学生自评	教师评估
任务知识内容	测量误差的表示方法	理解并掌握测量误差的表示方法	20		
	测量误差的分类和测量结果的评价	举例说明测量误差的分类，并能对测量结果进行正确的评价	10		
	测量数据的一般处理方法	理解有效数字的含义，掌握取舍法则，正确运算和取舍有效数字	20		
任务操作技能	常用测量误差的表示和计算	结合具体实验内容及要求，会计算绝对误差和相对误差，能比较测量准确度的高低	20		
	测量数据的处理	能按要求对测量数据进行运算及有效位的舍入	20		
	安全规范操作	安全用电、按章操作，遵守实训室管理制度	5		
	现场管理	按6S企业管理体系要求，进行现场管理	5		

任务三 实 训 报 告

任务目标

- 理解书写实训报告的意义。
- 掌握实训报告的基本格式及内容。
- 独立完成实训并提交实训报告。

任务教学模式

教学步骤	时间安排	教学方式
阅读教材	课余	自学、查资料、相互讨论
知识讲解	2学时	重点讲授实训报告的基本要求、格式及内容，指导学生正确阅读和理解实训指导书，掌握实训报告的编写方法
操作技能	4学时	通过万用表的三个实训项目，培养学生电子测量的基本技能

知识 1　实训报告的要求及格式

作为一名职业技术学校电子类专业的学生，几乎每一门专业课程的学习都离不开实验或实训。作为实训内容的预习、记录及总结，实训报告有其不可或缺的重要性。实训报告用简明的形式，将实训内容、过程及结果完整和真实地表达出来。因此实训报告的质量好坏将对实训人员对实训内容的掌握及实际操作技能水平的评价等都起着至关重要的作用。尤其是当你走向工作岗位，成为一名专业工程技术人员，能不能写好类似实训报告的文件，如检验报告等，既是基本功的具体表现，也是反映个人书面表达能力的一个方面。

1. 实训报告的要求

1）实训报告的要求可用下面 24 个字来概括：文理通顺、简明扼要、字迹端正、图表清晰、结论正确、分析合理。

2）实训报告书写用纸应力求格式正规化、标准化，一般选用学校规定的实训报告用纸，曲线绘制用坐标纸，切忌大小不一。

3）为便于保存，最好用墨水钢笔或签字笔书写，尽量避免用圆珠笔，造成油污或字迹模糊。

4）曲线必须注明坐标、单位、比例。

2. 实训报告的基本内容

各学校的实训报告形式和内容可能会有所差异，但一般均包括以下项目内容：

1）实训目的。

2）使用仪器、设备（有时需要给出编号）。

3）实训原理、方法（可略）。

4）实训内容、步骤或操作规程。

5）实训数据记录及处理，包括实训图表及计算，全部数据应一律采用法定计量单位。

6）实训结论、讨论、分析或体会。这一部分应是实训报告的重点。

7）注意事项。

知识 2　实训报告的完成

1. 认真做好实训

实训报告的书写是建立在亲自动手完成实训项目基础上的。对中职学校电子类专业的学生来说，实验和实训课程尤其重要。可不少同学去了实训室后无所适从，无从下手，白白浪费时间。其实，只要做好以下几点就能帮助你轻松面对实训。

（1）重视预习工作

每次实训前先做好预习，可以在老师的指导下，认真阅读实训讲义，结合具体测量实训项目，先弄清其测量原理和实验目的；再针对实训中用的测量仪器（仪表），学习掌握或温习其使用方法。最后阅读一遍测量内容和具体步骤，做到心中有数。

例如在如图1-3所示的万用表技能实训项目中，预习工作首先要做好两点：一是弄清测量电路原理；二是掌握万用表的使用方法。

实训要求利用万用表对电路中的发光二极管两端的电压进行测量。可见，万用表要并联在发光二极管两端，并且要注意表笔的接法。

（2）认真听取老师的实训讲解

一般实训前，老师会把实训内容和步骤简单介绍一下，有时还会亲自演示一遍，尤其是会提醒一些注意事项。这些都是在实训中容易出错或出现危险的地方，须格外重视。

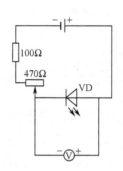

图1-3　直流电压的测量

（3）养成良好习惯，严格按操作规程进行实训

操作规程是对实训操作的具体指导，是实训中必须遵守的。有的实训给出了测量电路的具体连线图，并规定了严格的操作步骤。要认真阅读实训讲义，严格按操作步骤进行实训。仪器的使用也要遵循仪器操作规程，实验过程要按6S要求进行现场管理等。

图1-4所示为上述例子中的实物连线图，连线图形象、生动、准确，对实训的完成起到了极大的指导作用。

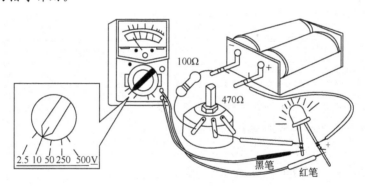

图1-4　直流电压的测量连线图

2. 实训报告的完成

只有认真独立完成了实训内容，实训报告的书写才具有一定的价值和意义。抄袭、编造实训报告的行为是不足取和毫无意义的。

完成一份实训报告的书写，除了认真完成实训任务，还要根据要求，适时记录测量数据，对测量数据进行处理，对测量误差进行分析，对测量结果进行总结、思考和讨论。

议一议

1）你在专业基础课程中做过的实训是否每次都提交过实训报告？谈谈你对实训报告的看法。

2）完成书写一份合格的实训报告需要做好哪些准备工作？

评一评

类别	检测项目	评分标准	分值	学生自评	教师评估
任务知识内容	书写实训报告的意义	理解书写实训报告的意义	10		
	实训报告的基本格式及内容	掌握实训报告的基本格式及内容	20		
任务操作技能	实训操作	能按要求独立完成实训	30		
	实训报告	提交合格的实训报告	30		
	安全规范操作	安全用电、按章操作，遵守实训室管理制度	5		
	现场管理	按6S企业管理体系要求、进行现场管理	5		

做一做

实训1　万用表测量直流电压

一、实训目的

1）练习连接电路和使用万用表测量直流电压。

2）掌握实训报告的内容和格式。

3）学习实训数据的基本处理方法。

4）加深理解电子测量的基本方法和意义。

二、仪器（表）及器材

1）模拟万用表一台。

2）电池两节（放在电池盒中），100 /8W电阻一个，470 电位器一个，发光二极管一个，导线若干。

三、实训内容和操作步骤

1. 测量电路原理图

测量电路原理图如图1-5所示。

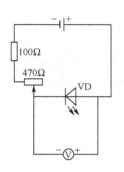

图 1-5　直流电压的测量
　　　　原理图

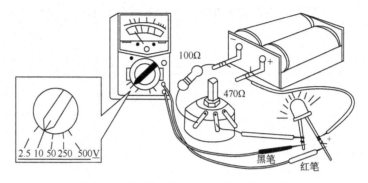

图 1-6　万用表测量直流电压的连线示意图

2. 操作步骤

1）按图 1-6 连接电路，电路不作焊接，可参考如图 1-7 所示的方法，将导线两端的绝缘皮剥去，缠绕在元件接点或引线上，注意相邻点间引线不可相碰。

2）检查电路无误后接通电源，旋转电位器使发光二极管的亮度适中。

3）将万用表水平放置，看指针是否指在左端"零位"上，如果不是，则用螺钉旋具慢慢旋转表壳中央的"起点零位"校正螺钉，使指针指在零位上（见图 1-8）。

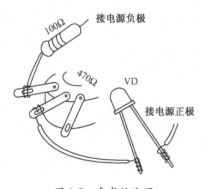

图 1-7　参考接线图

图 1-8　指在零点的万用表表头

4）将万用表的量程转换旋钮旋到直流电压 10V 挡上。

5）手持表笔绝缘杆，将正、负表笔分别接至电池正、负极，测量电源电压。记录电源电压值，填入表 1-3 中。重复操作，记录第二次测量结果，并填入表 1-3 中。

6）将万用表的红、黑表笔按图 1-5（b）所示接至发光二极管两端，测量发光二极管两端电压值，填入表 1-3 中。重复操作，记录第二次测量结果，并填入表 1-3 中。

7）用万用表测量固定电阻器两端电压，注意首先要确定正、负表笔要接触的位置，然后再测量。记录数值并填入表 1-3 中。重复操作，记录第二次测量结果，并填入表 1-3 中。

8）在以上三项测量中，如果哪次测量值小于 2.5V，则转换量程至 2.5V。再测量一次。记录数值并填入表 1-3 中。

9) 测量完毕，断开电源。拔出万用表表笔，将旋转开关旋转至"OFF"挡或交流电压的最大挡。

表1-3   万用表测量直流电压

直流电压 万用表读数	电源电压/V	发光二极管两端电压/V	固定电阻两端电压/V
第一次读数 （10V挡）			
第二次读数 （10V挡）			
10V挡读数平均值			
第一次读数 （2.5V挡）			
第二次读数 （2.5V挡）			
2.5V挡读数平均值			

四、实训数据分析、讨论及思考

1) 整理测量所得数据，计算读数的平均值。

2) 将平均值视为实际值，比较两次读数值与平均值的误差大小，分析误差产生的原因，讨论减小误差的方法和措施，得出结论。

3) 比较采用不同挡位测量的数值，得出结论，并分析原因。

五、注意事项

1) 电压测量选择量程时，应根据电源电压大小选择。如果事先无法确定电压范围，应先用电压最高挡进行测量，逐渐换为低挡位。

2) 读数时视线应正对指针，不能偏斜。

六、实训报告

认真填写数据，分析实训结果，总结实训结论，回答思考题。

实训2   用万用表测量直流电流

一、实训目的

1) 练习连接电路和使用万用表测量直流电流。

2) 掌握实训报告的内容和格式。

3) 学习实训数据的基本处理方法。

4) 加深理解电子测量的基本方法和意义。

二、仪器（仪表）及器材

1）模拟万用表一台。

2）电池两节（放在电池盒中），100Ω/8W电阻一个，470Ω电位器一个，发光二极管一个，导线若干。

三、实训内容和操作步骤

1．测量电路原理

测量电路原理如图1-9所示。

2．操作步骤

1）按图1-6连接电路（不加万用表），旋转电位器使发光二极管发光。

2）类似实训1中操作，将万用表的量程转换旋钮旋到直流电流挡100mA量程。

3）如图1-10所示，断开电位器中间接点和发光二极管的连接，形成"断点"，此时，发光二极管熄灭。

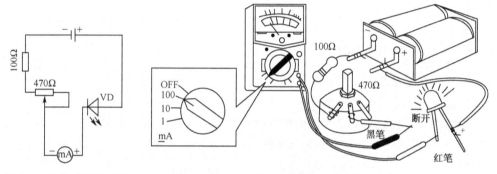

图1-9　电流测量原理图　　　　图1-10　电流测量接入万用表时连线示意图

4）参考图1-10，将万用表串入"断点"处，注意红表笔接发光二极管负极，黑表笔接电位器中间接点引线。这时，发光二极管重新发光。

5）旋转电位器旋柄，观察发光二极管亮度及万用表读数的变化，选择二极管亮度变化的三个特殊情况：熄灭、适中、最亮。记录相应电流值，并填入表1-4中。

6）测量完毕，断开电源。拔出万用表表笔，将旋转开关旋转至"OFF"挡或交流电压的最大挡。

表1-4　万用表测量直流电流

发光二极管亮度	熄灭	适中	最亮
万用表读数/mA			

四、实训数据分析、讨论及思考

1）整理测量所得数据，注意保留有效位数。

2) 由实验数据可得，通过发光二极管的最大电流是多少？最小电流是多少？

3) 通过本实验，请你谈谈电阻在电路中起到的作用是什么？

4) 本实验存在哪些测量误差？采取哪些措施可以减小误差的影响？

五、实训报告

认真填写数据，分析实训结果，总结实训结论，回答思考题。

实训 3   用万用表测量电阻

一、实训目的

1) 练习使用万用表测量电阻。

2) 掌握实训报告的内容和格式。

3) 学习实训数据的基本处理方法。

4) 加深理解电子测量的基本方法和意义。

二、仪器（仪表）及器材

1) 模拟万用表一台。

2) 色环电阻若干。

三、实训内容和操作步骤

1) 将色环电阻插在硬纸板上，根据色环写出其标称值。

2) 将万用表按前面的要求调好，放好后，置于 R×100 挡。

3) 两表笔对接，调整欧姆挡调零旋钮，调节指针到欧姆挡右端零位（见图 1-11）。如果调不到零，说明万用表内部电池电量不足，须更换电池。

图 1-11   欧姆调零时表头指示

4) 测量电阻，将读数写于电阻旁。注意读数要乘以倍率值。

5) 若测量时指针偏角过大或过小，应换挡再测。换挡后要重新调零再测。

6) 将色环电阻的标称值及测量值对应填入表 1-5 中，计算测量实际相对误差的大小。

表1-5 万用表测量电阻

色环电阻 阻值及误差	电阻一	电阻二	电阻三	电阻四
标称值				
万用表读数				
绝对误差				
实际相对误差				

四、实训数据分析、讨论及思考

1）整理测量所得数据，注意保留有效位数。

2）分析比较测量误差大小，谈谈造成误差的原因以及减小误差的措施。

五、注意事项

1）测量电路中的电阻值时，应将电阻从电路中拆下来后测量。

2）测量电阻校零时，万用表的两支表笔不要长时间短接在一起。

3）两只手不能同时接触万用表两支表笔的金属杆或电阻两个引脚，最好用右手同时持两根表笔。

4）长时间不使用欧姆挡，应将表中电池取出。

六、实训报告

认真填写数据，分析实训结果，总结实训结论，回答思考题。

项 目 小 结

• 本项目简要介绍了电子测量的基础知识。

• 测量是为确定被测对象的量值而进行的实验过程。测量的目的是为了准确地获取被测参数的量值。

• 介绍了电子测量的内容、特点及分类。

• 测量误差就是测量结果与被测量真值的差别，测量误差存在于一切测量的科学研究过程中。测量误差的表示方法通常为绝对误差和相对误差。绝对误差表明测量结果偏离实际值的情况，是有大小、正负和量纲的量。相对误差能确切地反映测量的准确程度，只有大小和符号，量纲为一。引用相对误差用来计算和划分连续刻度的电子仪表的准确度等级。

• 根据性质，可将测量误差分为系统误差、随机误差和粗大误差。系统误差决定测量的正确度，随机误差决定测量的精密度，系统误差和随机误差共同决定测量的准确度。

• 用数字方式表示测量结果时，需要根据要求确定有效数字位，不可随意更改测量结果的有效数字位。对多余数字位进行处理时，必须遵循数字的舍入规则——"小于

5舍，大于5入，等于5时取偶数"。

● 强调了实训报告的意义，介绍了其内容和格式，并对如何完成实训及提交合格的实训报告进行了详细的讲解。

思考与练习

1. 电子测量的主要内容有哪些？电子测量有什么特点？

2. 对某一参数进行测量时，多次测量求平均值的理论依据是什么？

3. 被测电压的实际值在10V左右，现有150V、0.5级和15V、1.5级的两块电压表，选择哪块表测量更合适？

4. 将下列数字进行舍入处理，要求保留两位有效数字。

28.694，86.372，3.7501，81000，0.0002315，5850，100.028，44.501

5. 常用电子测量仪器有哪些？各应用于哪些测量领域？

6. 实训报告有哪些基本要求和内容？

项目二

测量用信号源

在电子测量技术中,经常需要测试被测电路或系统的特性。测试方法是:为该系统加上已知特性的电信号,通过该电信号在被测电路中"走"一趟所发生的变化情况,从而知悉被测试电路的特性。

图 2-1 所示为低频放大器特性测试框图,显然,没有图中所示的正弦信号源提供激励信号,测试将无从谈起。那么信号是如何产生的呢?本项目将结合各种基本信号源在电子测量中的基本应用,介绍各种信号源(信号发生器)的组成原理及应用。

图 2-1 低频放大器特性测试框图

- 了解正弦信号发生器的分类、组成及性能指标。
- 掌握低频正弦信号发生器的组成和原理。
- 掌握高频正弦信号发生器的组成和原理。
- 掌握函数信号发生器的组成和原理。

- 掌握低频正弦信号发生器的面板结构、操作要点及应用。
- 掌握高频正弦信号发生器的面板结构、操作要点及应用。
- 掌握函数信号发生器的面板结构、操作要点及应用。

任务一　正弦信号源

 任务目标

- 了解正弦信号发生器的分类、组成及性能指标。
- 掌握低频信号发生器的组成和原理。
- 掌握高频信号发生器的组成和原理。
- 掌握低频正弦信号发生器的面板结构、操作要点及应用。
- 掌握高频正弦信号发生器的面板结构、操作要点及应用。

任务教学模式

教学步骤	时间安排	教学方式
阅读教材	课余	自学、查资料、相互讨论
知识讲解	4 学时	重点讲授低频信号发生器的组成和原理，高频信号发生器的组成和原理
操作技能	2 学时	采用多媒体课件课堂演示（如仪器面板功能介绍）及实物（仪器）展示相结合，教师演示实验和学生进行实训相结合，完成低频信号发生器和高频信号发生器应用技能训练

　　能够产生电信号的仪器或设备称为信号源，信号源又称信号发生器。信号发生器是现代测试领域内应用最为广泛的通用仪器之一。它可以产生如图 2-2 所示的正弦波、矩形波、阶梯波、脉冲波等各种波形信号，其输出信号的幅值和频率等参数都可按照实际需要进行调节，因而广泛用于通信、雷达、导航、宇航等领域。

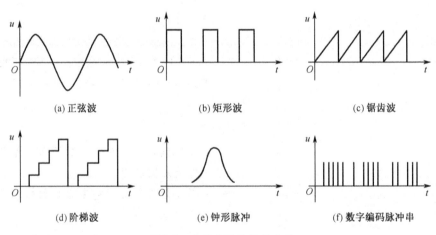

| (a) 正弦波 | (b) 矩形波 | (c) 锯齿波 |
| (d) 阶梯波 | (e) 钟形脉冲 | (f) 数字编码脉冲串 |

图 2-2　几种典型的信号波形

信号源大致分为三大类：正弦信号发生器、函数（波形）信号发生器和脉冲信号发生器。能够产生正弦信号的仪器，称为正弦信号发生器，又称正弦信号源。正弦信号是电子测量中通常用到的典型电信号，正弦信号发生器也是电子测量中用途最广的仪器。本项目将重点介绍正弦信号发生器。

知识 1　正弦信号发生器的分类和组成

1. 正弦信号发生器的分类

电子测量中通用的正弦信号发生器种类很多，有各种不同的分类方法。按输出频率划分的各类信号发生器如表 2-1 所示。

表 2-1　正弦信号发生器的分类

分　类	频率范围	分　类	频率范围
超低频信号发生器	0.0001Hz-1kHz	高频信号发生器	30kHz　30MHz
低频（音频）信号发生器	1Hz　20kHz	甚高频信号发生器	30　300MHz
视频信号发生器	20Hz　10MHz	超高频信号发生器	＞300MHz

2. 正弦信号发生器的组成

正弦信号发生器的组成框图如图 2-3 所示，主要由主振器、变换器、输出级、指示器和电源组成。

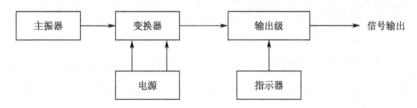

图 2-3　正弦信号发生器组成框图

（1）主振器

主振器由振荡器构成，振荡器是信号发生器的核心部分，由它产生不同频率、不同波形的信号。产生不同频段、不同波形信号的振荡器原理、结构差别很大。

（2）变换器

变换器可以是电压放大器、功率放大器、调制器或整形器。一般情况下，振荡器输出的信号都较微弱，需在该部分加以放大。还有像调幅、调频等信号，也需在这部分由调制信号对载频加以调制。而像函数信号发生器，振荡器输出的是三角波，需在这里由整形电路整形成方波或正弦波。

（3）输出级

输出级的基本功能是调节输出信号的电平和输出阻抗，可以是衰减器、阻抗匹配器和射极跟随器等。

（4）指示器

指示器用来监视输出信号，可以是电子电压表、功率计、频率计和调制度表等。

（5）电源

提供信号发生器各部分的工作电源电压。通常是将50Hz交流电整流成直流并采用有良好的稳压措施。

什么是标准信号发生器

按信号发生器的性能分类时，常将其分为一般信号发生器和标准信号发生器两类。标准信号发生器指其输出信号的频率、幅度、调制系数等在一定范围内连续可调，并且读数准确、稳定、屏蔽良好的中、高档信号发生器。与之对应的"一般信号发生器"通常指输出信号的频率、幅度的准确度和稳定度以及波形失真等要求不高的一类发生器。

知识2　正弦信号发生器的性能指标

1. 正弦信号发生器的频率特性

1）频率范围：频率范围指信号发生器所能产生的信号频率范围。

2）频率准确度：频率准确度指信号发生器度盘（或数字显示）数值与实际输出信号频率间的偏差，通常用相对误差表示。

3）频率稳定度：频率稳定度是指在其他外界条件恒定不变的情况下，在规定时间内，信号发生器输出频率相对于预调值变化的大小。

2. 正弦信号发生器的输出特性

1）输出电平范围：输出电平范围是指表征信号源所能提供的最小和最大输出电平的可调范围。一般标准高频信号发生器的输出电压为0.1 V　1V。

2）输出稳定度：输出稳定度有两个含义，一是指输出对时间的稳定度，再是指在有效频率范围内调节频率时，输出电平的变化情况。

3）输出阻抗：信号发生器的输出阻抗视类型不同而异，低频信号发生器一般有输出阻抗匹配变压器，可有几种不同的输出阻抗，常见的有50　，75　，150　，600　和5k　等。高频或超高频信号发生器一般为50　或75　不平衡输出。

3. 正弦信号发生器的调制特性

正弦信号发生器具有输出调幅、调频等信号的能力。

什么是"电平"

在通信系统测试中，除了用电压、功率外，还常用电平，即用电压或功率与某一电压或功率基准量之比的对数来表征所测信号大小。常用电平有两类，即电压电平和功率电平。每类电平又分为绝对电平和相对电平两种。

功率之比的对数定义为功率电平，度量单位为 dB。对两个功率之比取对数，得

$$\lg \frac{P_1}{P_2}$$

若 $P_1 = 10P_2$，则有

$$\lg \frac{P_1}{P_2} = \lg 10 = 1$$

这个无量纲的数 1，称做 1 贝尔（Bel）。在实际应用中，贝尔太大，常用分贝（dB）来度量，1 贝尔等于 10dB。

因为

$$\frac{P_1}{P_2} = \frac{V_1^2}{V_2^2}$$

将上式代入 $\lg \dfrac{P_1}{P_2}$ 中，可得

$$10\lg \frac{P_1}{P_2} = 20\lg \frac{V_1}{V_2}$$

若 P_2 和 V_2 为基准量 P_0 和 V_0，上式定义为绝对电平。

当信号发生器的输出阻抗等于外接负载阻抗时（阻抗匹配），定义功率电平为

$$P_W = 10\lg \frac{P_x}{P_0} \quad (\text{dB})$$

而定义电压电平为

$$P_V = 20\lg \frac{V_x}{V_0} \quad (\text{dB})$$

式中　P_x，V_x——负载吸取的功率和负载两端的电压（正弦有效值）；

　　　P_0，V_0——基准量。

基准量 P_0 和 V_0 分别取 1mW 和 0.775V 时，P_W 和 P_V 分别为零功率电平和零电压电平。大多数信号发生器尤其是电平振荡器中都是这样定度的。

知识 3　低频信号发生器

电子测量中，常见的正弦信号发生器一般有两种：低频信号发生器和高频信号发生器。

1. 低频信号发生器的组成和原理

低频信号发生器主要用来产生频率为 20Hz　20kHz 的正弦波信号（频率更宽的可

28

为1Hz 1MHz)。所以，通常又把低频信号发生器称为音频信号发生器。测量收录机、组合音响设备、电子仪器等装置的低频放大器的频率特性时常用它来作信号源。

低频信号发生器组成框图如图2-4所示，包括主振器、电压放大器、输出衰减器、功率放大器、阻抗变换器（输出变压器）、指示电压表及电源。

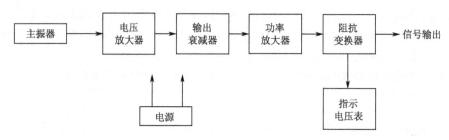

图 2-4　低频信号发生器组成框图

主振器产生低频正弦波信号，经电压放大器放大到输出幅度的要求，电压放大器除了将主振器送来的信号电压放大到所需的幅度，送入功率放大器作功率放大外，还将振荡器与负载隔离，避免负载影响振荡器的工作，使主振器振荡频率和振荡幅度稳定。功率放大器为负载提供一定的功率，通过输出变压器进行阻抗匹配，使负载获得最大的不失真功率。电压表用于指示信号发生器的输出电压的幅度。电源给各级电路提供能量。

（1）主振器

主振器一般采用RC振荡器，而其中应用最多的是双臂电桥（凯尔文电桥）振荡器。图2-5所示为实际应用中的双臂电桥振荡电路。

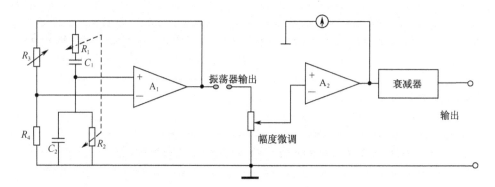

图 2-5　双臂电桥振荡电路

C_1、R_1和C_2、R_2正反馈支路组成RC选频网络，可改变振荡器的频率；R_3、R_4负反馈支路可自动稳幅。若$R_1=R_2=R$，$C_1=C_2=C$，电路输出频率为 $f_o=\dfrac{1}{2\pi RC}$ 的正弦信号。

实际的选频网络一般设有波段开关，常常使用同轴可调电位器R改变电阻进行频率的粗调，用调节双联同轴电容C的办法进行频率细调。

（2）电压放大器

作用：实现振荡器与后级电路的隔离，同时实现信号电压的放大。

特点：输入阻抗高、输出阻抗低、频率范围宽。

电路：输入级常采用场效应管，以提高输入阻抗 R_i，输出时加接射极跟随器，降低输出阻抗 R_o。

（3）衰减器

调节输出电压或功率，使之达到所需的值。衰减器原理如图 2-6 所示，分为连续调节和步进调节。连续调节由电位器 R_P 实现，步进调节由电阻分压器实现。

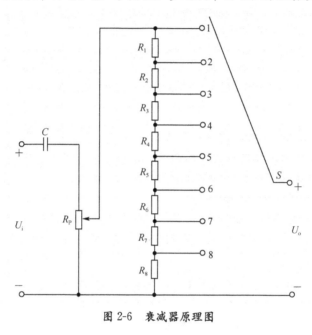

图 2-6　衰减器原理图

（4）功率放大器

实现信号功率的放大。通常采用电压跟随器。

（5）输出变换器

使输出端连接不同负载时都能得到最大的输出功率。

2. 低频正弦信号发生器的面板结构及操作要点

XD-2 型低频正弦信号发生器早期广泛应用于电子测量技术中。虽然目前大都采用函数信号发生器代替低频信号源，但其面板结构（见图 2-7）、功能及操作与目前应用较多的函数信号源非常相似。熟悉它的面板结构及操作要点对理解低频信号源的组成原理以及低频正弦信号产生技术有很大帮助。

1）电源开关及指示灯：接通电源，需要预热几分钟（min）。

2）输出指示：由电压表头显示输出幅度大小，一般作为参考值。

3）频率选择：即输出频率波段选择，也称为频率粗调，1MHz 范围的信号源一般分 10Hz、100Hz、1kHz、10kHz、100kHz、1MHz 等几个波段，调节频率时应首先选

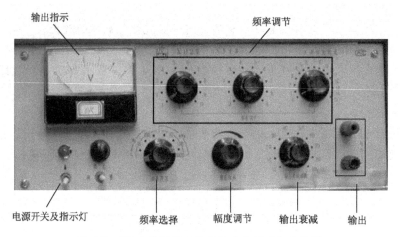

图 2-7　XD-2 型低频正弦信号发生器面板结构图

择频段。

4）频率调节：频率的连续调节，分×1、×0.1、×0.01 三位。

注意：实际操作中，根据所使用的频率范围，调节"频率选择"旋钮选择波段，再调节"频率调节"旋钮，将频率值细调到所需频率。

5）幅度调节：幅度的连续调节。

6）输出衰减：输出幅度的步进调节，一般分 0，10，20，…，90 挡，其中，0 对应幅值不变，20 对应变化为衰减 10 倍，40 对应变化为衰减 100 倍，60 对应变化为衰减 1000 倍。

注意：实际操作中，可直接调节输出细调，从电压显示上指示。如需小信号时可用输出衰减进行适当衰减，这时的实际输出为电压指示值再缩小所选衰减 dB 值的倍数。

7）输出：注意信号端和接地端不要接反。

"输出衰减"中的"dB"是什么意思

"dB"是中文单位"分贝"的意思。输出衰减就是将输出电压幅度进行衰减，即输出电压幅度的步进调节。衰减系数定义为 $D=U_o/U_i$，D 是一个无量纲的量，通常对衰减系数取对数为 $20\lg D$，则其单位变为分贝，即 dB。可见 0dB 对应 D 为 1，即无衰减，20dB 对应 D 为 10，即衰减 10 倍，40dB 对应 D 为 100，即衰减为 100 倍，60dB 对应 D 为 1000，即衰减为 1000 倍，同理 80dB 衰减 10000 倍。其他挡不是整数关系，可通过计算得到衰减倍数。

知识 4　高频信号发生器

高频信号发生器也称为射频信号源，它是指能产生高频正弦信号的信号源，信号的频率范围一般在 100kHz　350MHz（更宽可达 30kHz　1GHz 之间），并且具有一种或一种以上调制或组合调制（正弦调幅、正弦调频、脉冲调制）的信号发生器。

高频信号源能产生等幅、调幅或调频的高频信号，供各种电子线路或设备进行高频性能测量、调整时作为信号源使用，如电子线路的增益测量，非线性失真度测量以及接收机的灵敏度、选择性等参数的测量。一般的高频信号发生器的载波频率、载波电压和调制特性三种重要参数均可调，通常作为接收机测试和调整以及其他场合的高频信号源使用，如对调幅广播接收机（收音机）的中频频率进行调整时，465kHz 的中频信号（我国收音机的中频频率规定为 465kHz）可由高频信号发生器提供。

1. 高频信号发生器的组成和原理

高频信号发生器的原理框图如图 2-8 所示，主要包括主振级、调制级、输出级、监测级和电源等部分。

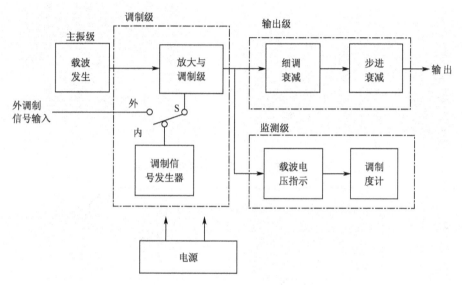

图 2-8 高频信号发生器原理框图

（1）主振级

主振级的作用是产生高频等幅正弦信号，而且要求频率范围宽、振荡频率稳定、频谱纯度高、幅度不随频率变化。振荡电路通常采用 LC 振荡器，并通过改变振荡回路的可变电容来对振荡频率进行连续调节，通过切换振荡回路中不同的电感来改变频段。

（2）调制级

调制是一个使连续波或脉冲波的某些特性随确定的调制信号变化的过程。按调制方式的不同分为调幅（AM）和调频（FM）两种。为了减少调幅时的载频偏转和寄生调频，调制级与主振级间一般用缓冲放大级隔开。

（3）输出级

输出级的作用是对调制信号进行放大和滤波，得到足够大的输出电平，并在此基础上实现对输出电平的调节及输出阻抗的转换。

2. 高频正弦信号发生器的面板结构及操作要点

不同厂家生产的高频正弦信号发生器外形有所不同（见图 2-9），但各种不同型号的高频信号源其面板结构及功能基本相似。下面就以图 2-10 为例来学习高频信号源的面板结构及操作要点。

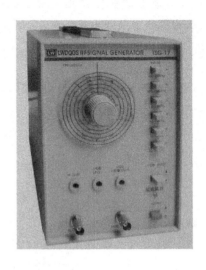

图 2-9　几种不同型号的高频信号发生器

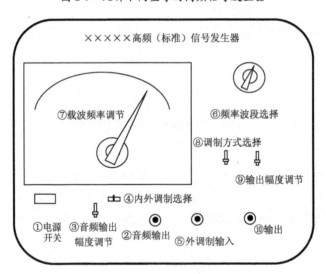

图 2-10　高频信号发生器面板结构

高频信号发生器的面板功能大致包括以下几部分：调制方式选择、输出频率调节、输出幅度调节等。作为一般应用，掌握其主要功能即可。图 2-10 中：

电源开关。

音频输出：输出 1kHz 的音频信号。

音频输出幅度调节：一般有"高"、"中"和"低"三挡。

内外调制选择：有"内"、"外"两项选择，选择"内"时，即采用 1kHz 的音频信号实现内调制；"外"时为外输入调制。

外调制输入：选择外调制时外调制信号的输入端口。

频率波段选择：载波频率调节时的波段范围调节。

载波频率调节：载波频率调节时的频率细调。

调制方式选择：一般有"调频"、"调幅"和"载波"（即不调制）三种选择。

输出幅度调节：一般有"高"、"中"和"低"三挡。

输出：调制信号或载波信号输出端口。

3. 高频信号发生器操作规程

高频信号发生器操作规程如下。

1）接通电源，提前预热。

2）选择输出调制波形，有"调频"、"调幅"和"载波"三种模式。

3）选择输出频率，根据所使用的频率范围，调节"频率范围"旋钮选择波段，再调节"频率调节"旋钮，将频率值细调到所需频率。

4）输出电压调节，可选择"高"、"中"和"低"三种输出幅度。

5）仪器使用完毕后，应关掉电源，整理附件，清点检查后放置。

注意：

1）仪器使用 220V，50Hz 交流电源。

2）若想达到足够的频率稳定度，须使仪器提前 30min 预热。

议一议

1）低频信号发生器和高频信号发生器在原理上有什么异同？

2）你如何理解低频信号发生器和高频信号发生器面板结构与内部电路之间的关系？

3）谈谈你对仪器操作规程的理解。

评一评

类别	检测项目	评分标准	分值	学生自评	教师评估
任务知识内容	正弦信号源的分类、组成及性能指标	了解正弦信号发生器的分类、组成及性能指标	10		
	低频信号发生器的组成和原理	掌握低频信号发生器的组成和原理	20		
	高频信号发生器的组成和原理	掌握高频信号发生器的组成和原理	20		

续表

类别	检测项目	评分标准	分值	学生自评	教师评估
任务操作技能	低频正弦信号发生器的面板结构、操作要点及应用	掌握低频正弦信号发生器的面板结构、操作要点及应用	20		
	高频正弦信号发生器的面板结构、操作规程及应用	掌握高频正弦信号发生器的面板结构、操作规程及应用	20		
	安全规范操作	安全用电、按章操作，遵守实训室管理制度	5		
	现场管理	按 6S 企业管理体系要求，进行现场管理	5		

 做一做

实训　高频信号发生器操作实训

一、实训目的

掌握高频信号发生器的基本使用方法。

二、实训仪器和器材

1）高频信号发生器（SG1051S 型）。
2）示波器。

三、实训内容及步骤

1）开机预热 3　5min。
2）输出音频信号，并用示波器观察。

将频段选择开关置于"1"，调制开关置于"载频（等幅）"，音频信号由音频输出插座输出，根据需要选择信号幅度开关的"高、中、低"挡。

3）输出调频立体声信号，并用示波器观察。

将频段选择开关置于"1"，调制开关置于"载频"，注意千万不要置于"调频"，否则会影响立体声发生器的分离度。音频信号仍由音频输出插座输出，根据需要选择信号幅度开关的"高、中、低"挡。

4）输出调频调幅高频信号，并用示波器观察。

将频段选择开关置于选定频段，调制开关根据需要置于调幅、载频（等幅）或调频，高频信号由高频频输出插座输出，高频信号输出幅度调节由电平选择开关置于"高"或"低"，由"高频输出调节"进行调节。

四、实训报告

总结高频信号发生器的基本功能和使用方法。

任务二　函数信号发生器

- 理解函数信号发生器的组成原理。
- 掌握函数信号发生器的面板结构、操作规程及应用。

任务教学模式

教学步骤	时间安排	教学方式
阅读教材	课余	自学、查资料、相互讨论
知识讲解	2学时	重点讲授函数信号发生器的组成原理，函数信号发生器的面板结构及操作要点
操作技能	2学时	采用多媒体课件课堂演示（如仪器面板功能介绍）及实物（仪器）展示相结合，教师演示实验和学生进行实训相结合，完成函数信号发生器应用技能训练

在生产、测试、仪器维修和实验时，除了经常用到的正弦信号外，有时还需要用到诸如三角波、方波、锯齿波、矩形波及正负尖脉冲等信号波形。函数信号发生器就是一种多波形信号源，它能产生某些特定的周期性时间函数波形，工作频率可从几赫兹至几十兆赫兹。

知识1　函数信号发生器的组成原理

在函数信号发生器中，各种波形的产生可采用不同的电路来实现。按构成原理可分为正弦式（先产生正弦波，再得到方波和三角波）、脉冲式（在触发脉冲作用下，施密特触发器产生方波，再经变换得到三角波和正弦波）和合成式（利用数字合成技术产生所需的波形）。

1. 正弦式

正弦式函数信号发生器的原理是：由文氏电桥振荡器产生一个正弦信号，经施密特触发电路可将正弦信号转换为方波。这个正弦信号送至整形电路限幅，再经微分、单稳态调宽及放大等，可得到幅度可调的正负矩形脉冲。正弦式函数信号发生器原理框图如图2-11所示。

2. 脉冲式

如图2-12所示，脉冲式函数信号发生器的原理是：由外触发或内触发脉冲，触发

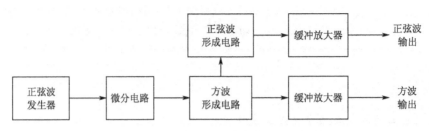

图 2-11　正弦式函数信号发生器原理框图

施密特电路产生方波，输出信号的频率由触发脉冲决定，然后经积分器输出线性变化的三角波或斜波，调节积分时间常数 RC 的值，可改变积分速度，即改变输出的三角波斜率，从而调节三角波的幅度，最后由正弦波形成电路形成正弦波。

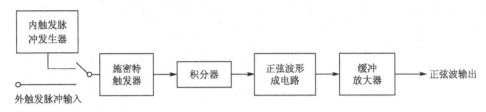

图 2-12　脉冲式函数信号发生器原理框图

目前，函数信号源能在宽阔的频率范围内替代通常使用的正弦信号发生器、脉冲发生器及频率计等工作，具有很广泛的实用场合。

知识 2　函数信号发生器的基本应用

1. 函数信号发生器的面板结构及操作要点

不同型号的函数信号发生器面板结构略有不同（见图 2-13），但一般包括以下几部分：波形选择和变换、频率调节、输出幅度调节、输出频率显示等。下面参考图 2-14 来学习函数信号发生器的面板结构及操作要点。

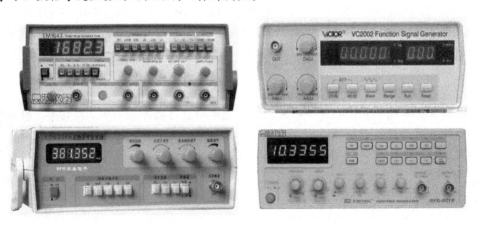

图 2-13　几种不同型号的函数信号发生器的面板结构图

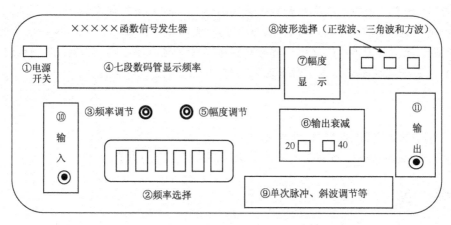

图 2-14 函数信号发生器面板结构图

图 2-14 中:

电源开关。

频率选择:即输出频率波段选择,也称为频率粗调,1MHz 范围的信号源一般分 10Hz、100Hz、1kHz、10kHz、100kHz、1MHz 等几个波段,调节频率时应首先选择频段。

频率调节:频率的连续调节。调节此旋钮,可从七段数码管显示部分观察其大小。

频率显示:由七段数码管显示输出频率大小。

注意:根据所使用的频率范围,调节"频率范围"旋钮选择波段,再调节"频率调节"旋钮,观察显示部分,将频率值细调到所需频率。

幅度调节:幅度的连续调节。

输出衰减:输出幅度的步进调节,一般分 20、40 及 60(两个按键都按下)三挡,对应幅值变化为衰减 10 倍、100 倍和 1000 倍。

幅度显示(有些发生器没有配置):由七段数码管显示输出幅度大小,该值一般为输出电压的峰-峰值。

注意:输出电压调节,可直接调节输出细调,从电压显示上指示。如需小信号时可用输出衰减进行适当衰减。

波形选择:正弦波、三角波和方波波形选择。

单次脉冲、斜波调节、直流电平调节等:一般按下某功能键,灯亮即可实现调节。

输入端口:一般的信号源均可作为频率计使用,此端口可用来外接待测信号或其他功能时作为输入端口。

输出端口。一般除此输出端口外,还有 TTL 输出端口。

2. 函数信号发生器操作规程

函数信号发生器操作规程如下。

1)接通电源,提前预热。

2)选择输出频率,根据所使用的频率范围,调节"频率范围"旋钮选择波段,再调节"频率调节"旋钮，观察显示部分，将频率值细调到所需频率。

3）输出电压调节，可直接调节输出细调，从电压显示上指示。如需小信号时可用输出衰减进行适当衰减，这时的实际输出为电压指示值再缩小所选衰减 dB 值的倍数。

4）仪器使用完毕后，应关掉电源，整理附件，清点检查后放置。

注意：

1）仪器使用 220V，50Hz 交流电源。

2）若想达到足够的频率稳定度，需使仪器提前 30min 预热。

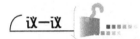

回顾在专业基础课实验和实训中接触过的函数信号发生器，谈谈它的作用？

结合函数信号发生器的内部电路结构，思考为什么函数信号发生器能替代低频信号发生器和脉冲信号发生器？

类别	检测项目	评分标准	分值	学生自评	教师评估
任务知识内容	函数信号源的组成原理	理解函数信号源的组成原理	20		
	函数信号发生器的面板结构和功能	对照低频信号发生器面板结构，理解掌握函数信号发生器的面板结构和功能	30		
任务操作技能	函数信号发生器的操作规程及应用	结合专业基础课程中对函数信号发生器的了解和应用，掌握其操作规程及应用	40		
	安全规范操作	安全用电、按章操作，遵守实训室管理制度	5		
	现场管理	按 6S 企业管理体系要求，进行现场管理	5		

做一做

实训　函数信号发生器操作实训

一、实训目的

掌握函数信号发生器输出信号波形变换，幅度及频率的调节。

二、实训器材

1）函数信号发生器（YB1600 系列）。

2）示波器。

三、实训内容及步骤

1. 输出三角波、方波、正弦波波形

将电压输出信号由输出端口通过连接线送入示波器输入端口，并调试出大小适中的三种信号波形。

2. 调节输出频率

观察思考：通过频率波段选择和旋转频率微调旋钮，输出显示 LED 上频率的最大值和最小值分别是多少？有什么意义？

3. 改变输出幅度

观察思考：

1) 旋转幅度大小旋钮时，从最大到最小，显示幅度有多少倍的变化？

2) 按下衰减开关（ATTE）时，输出波形衰减幅度有多大的变化？

4. 单次波形的产生

步骤：

1) 频率开关置 1kHz 挡。

2) 波形选择开关置"方波"。

3) 按"单次"开关，"单次"指示灯亮，示波器无波形显示，按"触发"开关，每按一次，将会在示波器上看到一个瞬间的单次脉冲信号。

5. 斜波的产生

1) 波形开关置"三角波"。

2) 按"对称性"开关，该功能指示灯亮。

观察思考：调节该开关对应旋钮，观察示波器的显示（三角波变斜波）。

6. 外测频率（略）

7. TTL 输出

1) TTL OUT 端口接示波器 Y 轴输入端（DC 输入）。

2) 适当调节频率和幅度旋钮。

观察思考：观察示波器的显示（方波或脉冲波）。

四、实训报告

1) 总结函数信号发生器的基本功能和调节方法。

2) 回答实训内容中的思考题。

知识拓展

合成信号源和脉冲信号源

1. 合成信号源

前面介绍的以 LC 或 RC 自激振荡为主振级的测量信号源,结构简单,频率范围宽。但其频率稳定性和准确性较差,远远不能满足现代电子测量对信号源频率稳定度和准确度的要求。

始于 20 世纪 30 年代的、以对一个或少数几个频率进行加、减、乘、除基本算术运算为特征的频率合成技术,特别是锁相技术,使得信号发生器的频率稳定度和准确度提高到晶体振荡器的水平,而且可以在很宽的频率范围内进行精细的频率调节。这类信号发生器输出频率、电平、衰减等可以程控。所以,作为一种宽带高稳信号源,它在快速通信、接收设备的调试、频率测量和自动测试系统的组建中得到广泛的应用。

频率合成技术分直接频率合成法和间接合成法。直接频率合成法是利用混频器、倍频器和分频器等对一个或几个频率基准频率进行算术运算,合成所需频率,并用窄带滤波器选出。这种合成方法的优点是频率转换速度较快,可靠性强,缺点是要用很多中心频率不同的窄带滤波器来滤除杂波,需要大量滤波器,使得电路体积庞大,难以集成,价格昂贵。

间接合成法又称为锁相合成法,它是利用锁相环把压控振荡器的输出频率锁定在基准频率上,再利用一个基准频率通过不同形式的锁相环合成所需要的频率。

采用合成信号源,从根本上解决了普通信号源输出信号频率的稳定性和准确性,因此合成信号源得到了广泛的应用。如各种国产标准信号发生器就是频率合成器的典型应用实例。

2. 脉冲信号源

脉冲信号源(脉冲信号发生器,见图 2-15)通常是指持续时间较短有特定变化规律的电压或电流信号。常见的脉冲信号有矩形、锯齿形、阶梯形、钟形、数字编码序列等。其中最基本的脉冲信号是矩形脉冲信号。

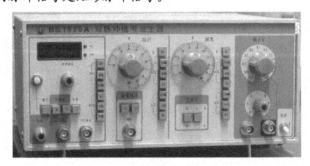

图 2-15　脉冲信号发生器

通用脉冲信号发生器是最常用的脉冲源，其输出脉冲频率、延迟时间、脉冲持续时间、脉冲幅度均可在一定范围内连续调节。

脉冲信号发生器由主振级、延迟级、形成级、整形级与输出级组成，如图 2-16 所示。

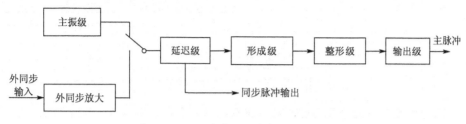

图 2-16 通用脉冲信号发生器组成框图

（1）主振级

主振级采用自激多谐振荡器、晶体振荡器或锁相振荡器产生矩形波，也可将正弦振荡信号放大、限幅后输出，作为下级的触发信号。主振级要具有较好的调节性能和稳定的频率，波形的一致性要好，并具有足够的幅度。也可以不使用仪器内的主振级，而直接由外部信号经同步放大后作为延迟级的触发信号。同步放大电路将各种不同波形、幅度、极性的外同步信号转换成能触发延迟级正常的触发信号。

（2）延迟级

延迟级电路通常由单稳态触发电路和微分电路组成。

（3）形成级

形成级通常由单稳态触发器等脉冲电路组成。它是脉冲信号发生器的中心环节，要求产生宽度准确、波形良好的矩形脉冲，且脉冲的宽度可独立调节，并具有较高的稳定性。

（4）整形级与输出级

整形级和输出级一般由放大、限幅电路组成。整形级具有电流放大作用，输出级具有功率放大作用，还具有保证仪器输出的主脉冲幅度可调、极性可切换，以及良好的前、后沿等性能的作用。

项 目 小 结

• 信号发生器作为电子测量中的测试信号源，是现代测试领域应用最为广泛的通用仪器之一，可以按照输入信号的频率范围、输出信号波形及信号发生器的性能等进行分类。

• 低频信号发生器主要用来产生频率为 20Hz～20kHz 的正弦波信号（频率更宽的可为 1Hz～1MHz）。低频信号发生器由主振器、电压放大器、输出衰减器、功率放大器、阻抗变换器（输出变压器）、指示电压表及电源等组成。

• 高频信号发生器也称为射频信号源，它是指能产生正弦信号，信号的频率范围一般在 100kHz 350MHz（更宽可达 30kHz 1GHz 之间），并且具有一种或一种以上调制或组合调制（正弦调幅、正弦调频、脉冲调制）的信号发生器。主要包括主振级、调制级、输出级、监测级和电源等部分。

• 函数信号发生器是一种多波形信号源，它能产生某些特定的周期性时间函数波形，工作频率可从几赫兹至几十兆赫兹，它能在宽阔的频率范围内替代通常使用的正弦信号发生器、脉冲信号发生器及频率计等工作，具有很广泛的实用场合。

思考与练习

1. 信号发生器中的主振器常用电路有哪几种？各有什么特点？
2. 高频信号发生器主要由哪些电路组成？各部分的作用是什么？
3. 简述函数信号源中正弦式的工作原理。
4. 简述函数信号源中脉冲式的工作原理。

项目三

示波测试技术

能把信号波形显示出来并能进行测量的技术称为示波测试技术。图 3-1 所示是示波器显示的一个正弦信号波形图。利用示波器荧光屏上的刻度及面板上的旋钮位置，可以方便地测量出该波形的幅度和周期。示波测试技术就是利用示波管的波形显示功能，将待测信号加到决定荧光屏垂直方向（Y 轴）偏转特性的 Y 偏转板上，而将其荧光屏上的水平方向（X 轴）变换为时间轴，从而得到信号波形的函数波形。通过 X 轴和 Y 轴上的刻度经变换得到信号波形的参数。能完成这种功能的仪器就称为示波器。

研究信号随时间变化的特性称为时域分析，这时被测信号是一个时间函数，如图 3-2 所示。相应地，研究信号随频率变化的分析称为频域分析。示波器是信号时域分析最典型的仪器，利用示波器，可以对信号波形的特性进行分析，对信号的各项参数：幅值、周期、频率及相位等进行测量。本项目围绕利用示波器对信号波形进行显示测量这一主题，向大家介绍示波测试技术的基本方法和原理，并学习示波器的典型应用。

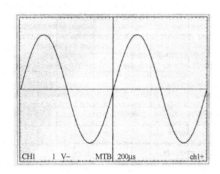

图 3-1 示波器显示的正弦信号波形

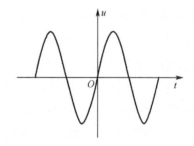

图 3-2 正弦信号的时域波形

- 掌握示波测试基本方法和原理。
- 掌握通用示波器的组成和原理。
- 了解数字存储示波器。
- 熟练掌握示波测试的基本应用。

- 熟练掌握示波器面板功能及基本操作。
- 熟练掌握示波器测量信号的幅度、周期、频率和相位的技术和方法。

任务一　示波测试基本方法和原理

任务目标

- 掌握示波显示控制部分及操作要领。
- 理解阴极射线管（CRT）。
- 理解如何得到清晰稳定的信号波形。

任务教学模式

教学步骤	时间安排	教学方式
阅读教材	课余	自学、查资料、相互讨论
知识讲解	4 学时	重点讲授示波显示控制部分及操作要领，阴极射线管（CRT）的示波原理和如何得到清晰稳定的信号波形
操作技能	2 学时	采用多媒体课件课堂演示（如仪器面板功能介绍）及实物（仪器）展示相结合，教师演示实验和学生进行实训相结合，完成 CRT 原理及操作训练

　　示波器的最大特征就是将波形显示出来。那么波形是如何被显示出来的呢？首先来了解一下通用示波器的面板组成。示波器种类、型号很多，功能也不完全相同。不同型号的通用示波器面板布置略有不同（见图 3-3），但一般均包括三大部分：示波器显示控制部分，Y 轴系统控制部分和 X 轴系统控制部分。其中，示波器显示控制部分完成对波形的显示、聚集、辉度调节等功能，是示波器的重要组成部分，通过对其结构和功能的学习能使读者理解波形显示的原理。

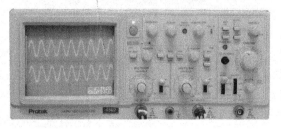

图 3-3　几种示波器面板布置

知识 1　显示控制部分及操作要领

图 3-4 所示为示波器显示控制部分的面板分布，其各部分或旋钮功能以及操作要领如下。

1）荧光屏。荧光屏是示波管的显示部分，屏上水平方向和垂直方向各有多条刻度线，指示出信号波形的电压和时间之间的关系。水平方向指示时间，垂直方向指示电压。水平方向分为 10 格，垂直方向分为 8 格，每格又分为 5 份。根据被测信号在屏幕上占的格数乘以适当的比例常数（V/div，TIME/div）能得出电压值与时间值。

2）电源开关及指示灯。打开电源，稍等片刻。

3）光迹亮度调节：逆时针旋转变暗，顺时针变亮。观察低频信号时可暗些，观察高频信号时亮些。一般不应太亮，以保护荧光屏。

4）聚焦使光迹和读数变得清晰。

5）寻迹，用于判断光点偏离的方位，按下该键，光点回到显示区域。

6）光迹旋转使光迹处于水平位置。

7）输出校准方波信号（如 1kHz、0.5V），用于校准示波器的时基和垂直偏转因数。

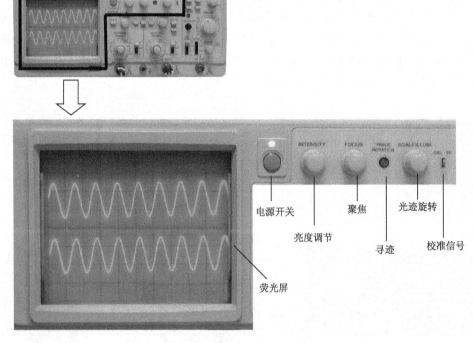

图 3-4　示波器面板显示控制部分

知识 2　阴极射线管（CRT）

阴级射线管又称示波管，是示波器的核心部件，其外形如图 3-5 所示。示波管由电子枪、偏转系统和荧光屏三部分组成，其内部结构示意如图 3-6 所示。

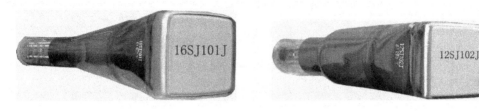

图 3-5　示波管外形

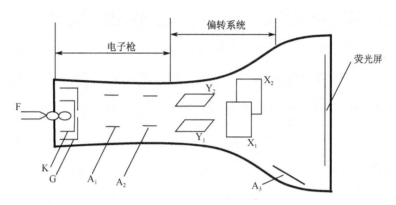

图 3-6　示波管的结构示意图

1. 电子枪

1）作用：产生电子束，对电子束加速和聚焦。

2）组成：电子枪包括灯丝 F、阴极 K、控制栅级 G、第一阳极 A_1、第二阳极 A_2 及后加速阳极 A_3。灯丝的作用是加热阴极，使其发射电子。控制栅极的作用是控制电子束的电流密度，即电子射线的强度。第一阳极和第二阳极的作用是加速电子同时对电子束聚焦。后加速阳极 A_3 位于荧光屏与偏转板 X_1、X_2 之间，作用是对电子束进一步加速。

3）原理：电子聚焦原理。如图 3-7（a）所示，当电子以一定速度穿越加速场时，$v_1 < v_2$，电子在运动中垂直方向未受力，垂直速度未改变，$V_1 \sin\theta_1 = V_2 \sin\theta_2$，$\theta_1 > \theta_2$，电子向中心轴线方向聚拢，总体上呈汇聚趋势。反之，总体上呈发散趋势，如图（b）所示。

根据电子穿越加速场聚拢，穿越减速场发散的原理不难得到在聚焦系统作用下的电子束形状，如图 3-8 所示。改变控制栅极的电位可进行辉度调节，改变 A_1、A_2 的电位高低可进行聚焦调节。

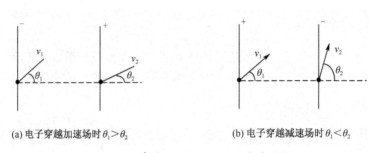

(a) 电子穿越加速场时 $\theta_1 > \theta_2$　　　　　(b) 电子穿越减速场时 $\theta_1 < \theta_2$

图 3-7　电子穿越不同电场时偏转角度的变化

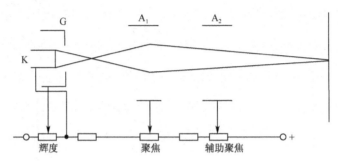

图 3-8　在聚焦系统作用下的电子束形状

2. 偏转系统

1) 结构：由两对互相垂直的平行板构成，分别称为垂直（Y）偏转板和水平（X）偏转板，偏转板在外加电压信号的作用下使电子枪发出的电子束产生偏转。

2) 原理：光点在荧光屏上偏转的距离与偏转板上所加的电压成正比，以 Y 偏转系统为例，即 $Y = S_y V_y$，这是用示波管观测波形的理论依据，如图 3-9 所示。

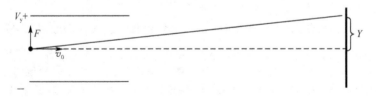

图 3-9　偏转板原理示意

　　垂直偏转板 Y_1、Y_2 上所加的电压使电子束在垂直方向发生偏转，水平偏转 X_1、X_2 的电压则使电子束在水平方向偏转。比例系数 S_y 称为示波管的偏转灵敏度，单位是 cm/V，它表示在单位输入信号电压的作用下，光点在垂直方向的偏移距离，其倒数 $D_y = 1/S_y$ 称为示波管的偏转系数，单位是 V/cm、mV/cm 或 V/div，V/div，这个值越小，示波管越灵敏，显示微弱信号的能力越强。

3. 荧光屏

　　荧光屏的作用是在高速电子轰击下激发可见光，显现波形。示波管屏面通常是矩形平面，内表面沉积一层磷光材料构成荧光膜。在荧光膜上常又增加一层蒸发铝膜。高速电子穿过铝膜，撞击荧光粉而发光形成亮点。铝膜具有内反射作用，有利于提高亮点的晖度。铝膜还有散热等其他作用。

当电子停止轰击后，亮点不会立即消失而要保留一段时间。亮点晖度下降到原始值的 10% 所经过的时间称为"余晖时间"。余晖时间小于 10 s 为极短余晖，10 s　1ms 为短余晖，1ms　0.1s 为中余晖，0.1　1s 为长余晖，大于 1s 为极长余晖。一般的示波器配用中余晖示波管，高频示波器选用短余晖示波管，低频示波器选用长余晖示波管。

由于所用磷光材料不同，荧光屏上能发出不同颜色的光。一般示波器多采用发绿光的示波管，以保护人的眼睛。

知识3　如何得到清晰稳定的信号波形

1. 扫描

1）定义：光点在扫描电压作用下扫动的过程。

2）扫描电压波形：锯齿波。表达式：$V_x = kt$。图 3-10（a）所示是理想锯齿波波形；图（b）是实际锯齿波波形。其中：T_s 为扫描正程时间；T_b 是扫描逆程时间，又称扫描回程时间。

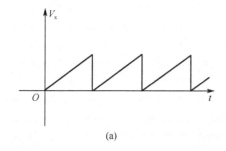
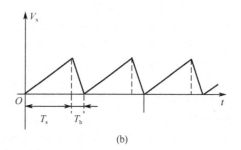

(a)　　　　　　　　(b)

图 3-10　锯齿波波形

2. 波形显示原理

由上可知，电子束在荧光屏上产生的亮点在屏幕上移动的轨迹，是加到偏转板上的电压信号的波形。下面分析几种情况。

1）两偏转板均不加信号，即 $V_x = V_y = 0$，则光点在垂直和水平方向都不偏转，出现在荧光屏的中心位置，如图 3-11（a）所示。

2）Y 偏转板不加电压，X 偏转板加理想扫描电压信号 $V_x = kt$。由于 Y 偏转板不加电压，光点在垂直方向是不移动的，则光点在荧光屏的水平方向上来回移动，出现的是一条水平线段，如图 3-11（b）所示。这条水平亮线称为扫描线。

3）Y 偏转板加被测信号，如正弦波 $V_y = U\sin\omega t$；X 偏转板不加电压。由于 X 偏转板不加电压，光点在水平方向是不偏移的，则光点只在荧光屏的垂直方向来回移动，出现一条垂直线段，如图 3-11（c）所示。

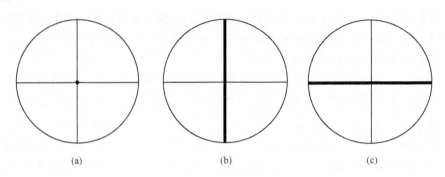

(a)   (b)   (c)

图 3-11 X、Y 偏转板加或不加信号时显示情况

4）Y 偏转板加被测信号，如正弦波 $V_y = U\mathrm{m}\sin\omega t$；X 偏转板加理想扫描电压信号 $V_x = kt$，且 $T_x = T_y$，则荧光屏显示的是被测信号随时间变化的稳定波形，如图 3-12 所示。

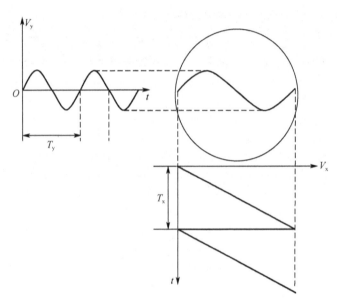

图 3-12 $T_x = T_y$ 时显示波形

5）Y 偏转板加被测信号，如正弦波 $V_y = U\mathrm{m}\sin\omega t$；X 偏转板加理想扫描电压信号 $V_x = kt$，且 $T_x = 2T_y$，则荧光屏显示的是被测信号随时间变化的稳定波形，如图 3-13 所示。

6）Y 偏转板加被测信号，如正弦波 $V_y = U_m\sin\omega t$；X 偏转板加理想扫描电压信号 $V_x = kt$，且 $T_x = \dfrac{7}{8}T_y$，第一个扫描周期得到波形   ，第二个扫描周期得到波形   ，第三个扫描周期得到波形   ……则荧光屏显示的是不稳定的被测信号波形，如图 3-14 所示。

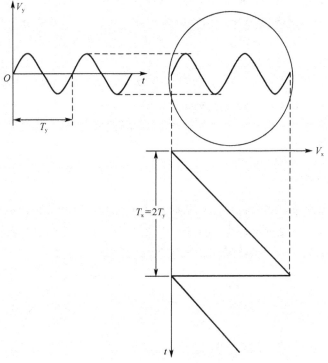

图 3-13　$T_x = 2T_y$ 时显示波形

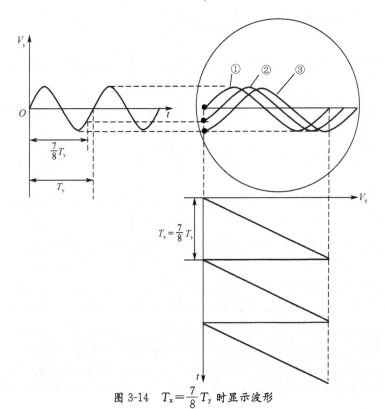

图 3-14　$T_x = \dfrac{7}{8}T_y$ 时显示波形

结论：当扫描电压的周期是被观测信号周期的整数倍时，即 $T_x = NT_y$（N 为正整数），每次扫描的起点都对应在被测信号的同一相位点上，这就使得扫描的后一个周期描绘的波形与前一周期完全一样，每次扫描显示的波形重叠在一起，在荧光屏上可得到清晰而稳定的波形。

当理想扫描电压的周期 $T_x = NT_y$（N 为正整数）时，波形稳定，称为"同步"；当此关系不成立时，波形显示不稳定。实际中，常利用被测信号产生一个同步触发信号，去控制示波器时基电路中的扫描发生器，迫使二者同步，或用与被测信号有一定关系的外加信号去产生同步触发信号。

3. 扫描回程的增辉

实际的扫描电压中，回程时间与休止时间并不为零，则电子从右端回到左端时，也会有扫描轨迹。回程轨迹的存在影响被测波形的观测，实际示波器中要将其消隐，即使得正程轨迹亮度增加，回程轨迹黯淡，突显正程，如图 3-15 所示。

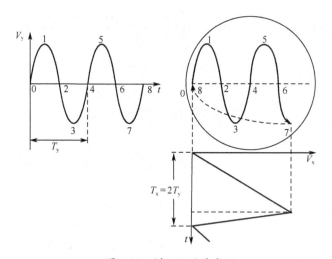

图 3-15　增辉显现的波形

4. X-Y 图示原理

由波形显示原理可知，在示波管里，电子束的偏转方向决定于 X 和 Y 偏转板的偏转电压 V_x 和 V_y，而 V_x 和 V_y 是相互独立的，二者共同决定光点在荧光屏上的位置。利用此特点，可以将示波器看作一个 X-Y 图示仪，当将两个信号分别加在 X 和 Y 偏转板上时，荧光屏上即显示出两个信号波形之间的关系。

图 3-16 所示两个同频率的正弦信号分别作用在 X、Y 偏转板上时的情况。如果两信号初相相同，则可在荧光屏上得到一条直线；若 X、Y 方向的偏转距离相同，则可得到一条与水平轴呈 $45°$ 的直线；如两信号初相位相差 $90°$，则可得一正椭圆；若 X、Y 方向的偏转距离相同，则得一正圆……通常把两个偏转板上都加正弦电压时显示的图形称为李沙育图形，它常用在相位和频率测量中。

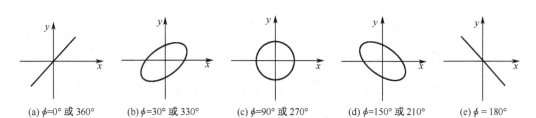

(a) φ=0° 或 360°　　(b) φ=30° 或 330°　　(c) φ=90° 或 270°　　(d) φ=150° 或 210°　　(e) φ=180°

图 3-16　频率相同时的李沙育图形

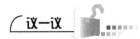

1) 总结一下示波器显示及控制部分有哪些旋钮和按键，功能分别是什么？对应内部哪个具体电路？

2) CRT 在生活中的应用有哪些？举例说明。

3) 什么是余晖时间，一般的示波器是什么类型的余晖？

4) 示波器增晖电路如果出现故障，荧光屏上会显现什么样的波形？

5) 一个清晰稳定的波形是如何得到的？

评一评

类别	检测项目	评分标准	分值	学生自评	教师评估
任务知识内容	示波器显示部分基本组成和原理	掌握示波器显示部分基本组成和原理	15		
	CRT 原理	掌握 CRT 原理	15		
	波形稳定显示原理	理解波形稳定显示原理	10		
任务操作技能	示波器显示部分基本面板结构、各功能键的使用	理解面板结构，熟练掌握各按键及旋钮功能	25		
	示波器显示部分基本基本操作	熟练掌握示波器显示部分各项功能操作方法	25		
	安全规范操作	安全用电、按章操作，遵守实训室管理制度	5		
	现场管理	按 6S 企业管理体系要求、进行现场管理	5		

做一做

实训　示波原理测试基本操作训练（一）

一、实训目的

通过一些简单的操作，帮助大家更好地理解示波测试原理和掌握示波器基本操作。

二、实训仪器和器材

双踪示波器，函数信号源。

三、实训内容和步骤

训练点一　掌握示波器的预调

1）将示波器的电源接通预热后，使示波器的各个控制旋钮或开关的位置如表 3-1 所示。

表 3-1　控制旋钮或开关的位置

控制旋钮或开关	位　　置	控制旋钮或开关	位　　置
垂直位移	居中	扫描速率选择	2 ms/div
水平位移	居中	Y 轴灵敏度选择	0.02　5 N/div
电平	自动	触发信号源	内
输入耦合方式	接地	出发信号极性	＋

2）适当调节晖度旋钮，使荧光屏上出现一条适当亮度的水平扫描线。

3）反复调节聚焦和辅助聚焦旋钮，使水平扫描基线又细又清晰。

4）调节水平位移和垂直位移使水平基线位于屏幕的中央。

5）使扫描速率微调和 Y 轴灵敏度微调处于"校准"位置。

思考题

1）"晖度旋钮"所使用的电子器件是什么？它是如何对水平扫描线的晖度进行调节的？在使用中要注意什么？

2）"聚焦和辅助聚焦旋钮"所使用的电子器件是什么？这些元器件是如何对扫描线进行调节的？

训练点二　理解示波器的余晖

1）用信号发生器产生 100Hz、10mV 的正弦信号，并使用示波器对其进行观察。

2）将 TIME/div 挡由最右端顺时针逐挡转动，并观测波形变化。

3）当示波器正好显示一个完整的波形时，记录横轴扫描时间。

4）用同样方法观察 10kHz 信号。

思考题

为什么要完整显示一个波形，在频率较低时会产生闪烁？

训练点三　了解同步扫描与触发

1）用信号发生器产生 2kHz、100mV 正弦波信号。

2）调整示波器得到稳定的波形。

3）旋转"电平"、"触发"等旋钮和开关，观察波形变化。

思考题

1）为什么波形会"跑"？此现象说明了什么？

2）怎样才能得到一个显示稳定的完整的信号波形？

四、实训报告

总结实训结论，回答思考题。

任务二 通用示波器的组成和原理

 任务目标

- 掌握通用示波器的组成和原理。
- 掌握示波器垂直通道（Y 通道）的组成、原理及应用。
- 掌握示波器水平通道（X 通道）的组成、原理及应用。

 任务教学模式

教学步骤	时间安排	教 学 方 式
阅读教材	课余	自学、查资料、相互讨论
知识讲解	4 学时	重点讲授示波器的垂直通道（Y 通道）及示波器的水平通道（X 通道）组成、原理及应用
操作技能	2 学时	采用多媒体课件课堂演示（如仪器面板功能介绍）及实物（仪器）展示相结合，教师演示实验和学生进行实训相结合，完成通用示波器组成原理及基本操作训练

通过任务一的学习，我们知道了示波管是如何将波形显示出来的。可是，信号波形是如何不失真地送到 Y 偏转板上的呢？扫描信号又是怎样产生和加到 X 偏转板上的呢？为了得到显示稳定的信号波形，必须保持扫描电压和待测信号电压的同步关系……图 3-17 所示是通用示波器的面板与内部结构对照图。通过对通用示波器的基本组成的学习，以上问题会得到逐一解决。

通用示波器是示波器中应用最广泛的一种，通常泛指采用单束示波管的、除取样示波器及专用示波器以外的各种示波器。它主要由示波管、垂直通道（又称为 Y 通道）和水平通道（又称为 X 通道）三部分组成（一般将触发部分包括在 X 通道中）。此外，还包括电源电路和校准信号发生器。电源电路提供示波管和仪器电路中需要的多种电源。校准信号发生器产生幅度或周期非常稳定的校准信号，用它直接或间接与被测信号比较，可以确定被观测信号中任意两点间的电压或时间关系。通用示波器的组成框图如图 3-18 所示。示波管部分的结构、原理及显示控制等已经在任务一中学习过。本任务将重点介绍示波器的垂直通道和水平通道。

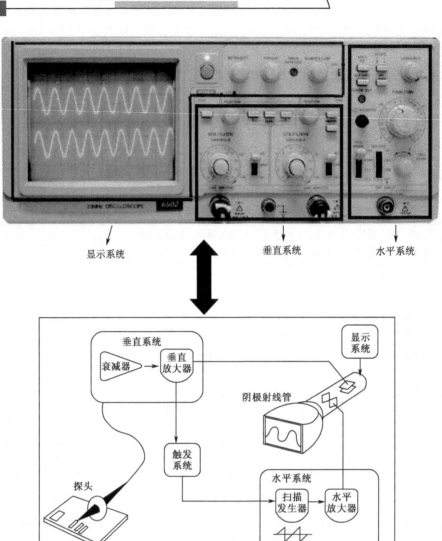

图 3-17　通用示波器的面板与内部组成结构对照图

知识 1　示波器的垂直通道（Y 通道）

示波器的主要任务是不失真地显示电信号，所要显示的信号要由垂直通道来传输。因此，垂直通道的功能是检测被观察的信号，并将它无失真或失真很小地传输到示波管的垂直偏转极板上。同时，为了与水平偏转系统配合工作，要将被测信号进行一定的延迟。为了完成上述任务，垂直通道由输入电路、Y 前置放大器、延迟线和 Y 输出放大器组成。

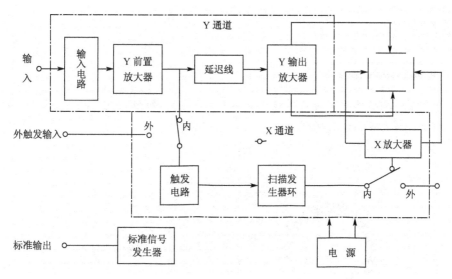

图 3-18 通用示波器的组成框图

1. 输入电路

Y 通道输入电路的主要作用，在于检测被测信号。它应有较大的输入阻抗和过载能力，能够调节输入信号的大小，具有适当的耦合等。输入电路主要由衰减器和输入选择开关组成。

衰减器的作用是保证输入波形电压不致过高而出现失真。对衰减器的要求是输入阻抗高，同时在示波器的整个通频带内衰减的分压比均匀不变。要达到这个要求，仅用简单的电阻分压是达不到目的的。因为在下一级的输入及引线都存在分布电容，这个分布电容的存在，对于被测信号高频分量有严重的衰减，造成信号的高频分量的失真（脉冲上升时间加长）。为此，必须采用如图 3-19 所示的阻容补

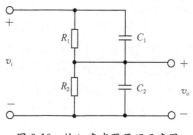

图 3-19 输入衰减器原理示意图

偿分压器。图中 R_1、R_2 为分压电阻（R_1 包括下一级的输入电阻），C_2 为下一级的输入电容和分布电容，C_1 为补偿电容。调节 C_1，当满足关系式 $R_1C_1 = R_2C_2$ 时，分压比 K 在整个通频带内是均匀的，它被表示为

$$K = \frac{v_o}{v_i} = \frac{Z_2}{Z_1 + Z_2} = \frac{R_2}{R_1 + R_2}$$

这时衰减器的分压比仅决定于两阻值，与频率无关。这样，衰减器就可以无畸变地传输窄脉冲信号，仅仅是信号电压幅度降为原幅度的 $1/K$。

改变分压比可改变示波器的偏转灵敏度。这个改变分压比的开关即为示波器灵敏度粗调开关，在面板上常用 "V/div" 标记。

拓展　探极和输入选择开关

使用示波器时要求用专用的探极测试线——探极，如图 3-20 所示。那么什么是探极？它和普通测试线有什么区别？应如何正确使用它？

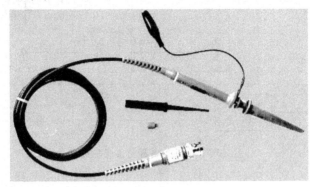

图 3-20　探极的外形

探极是 Y 通道输入电路的重要组成部分，安装在示波器机壳的外部，用电缆和机壳相连。其作用是：将原输入信号电压进行幅度衰减，扩展示波器的量程；提高示波器的输入阻抗，减少波形失真，展宽示波器的使用频带，降低示波器的输入容抗，提高示波器的抗干扰能力等。

有源探极具有良好的高频特性，适于测试高频小信号。但需要示波器提供专用电源，应用较少，无源探极则被广泛应用。

无源探极是一个衰减器，衰减比分为 1∶1、10∶1、100∶1 三种。其基本电路也是 RC 补偿电路。为获得最佳补偿，示波器探极中其中一个电容常为可调的。如果要正确地测量高频波和方波，需要调节该电容。无源探极内部结构如图 3-21 所示。

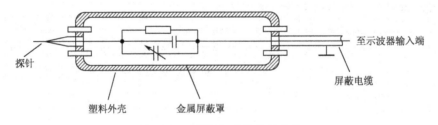

探针　　　　　　　　　　　　　　　　　　　　　　　　　　　至示波器输入端

屏蔽电缆

塑料外壳　　　　　金属屏蔽罩

图 3-21　无源探极结构断面示意

使用探极时应注意如下事项：

1）探极要定期校正，调节可调电容。

2）采用示波器内部的方波信号进行探极校正，可能有三种情况（见图 3-22）。要正确调节可调电容，使波形处于正常补偿状态。

3）探极和示波器应配套使用，不能互换，否则导致高频补偿不当而产生波形失真。

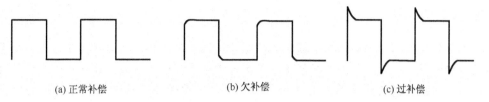

(a) 正常补偿　　　　　　(b) 欠补偿　　　　　　(c) 过补偿

图 3-22　探极校正时的三种情况

2. 输入选择开关

输入耦合方式设有 AC、GND、DC 三挡选择开关。观察交流信号时，置"AC"挡；确定零电压时，置"GND"挡；观测频率很低的信号或带有直流分量的交流信号时，置"DC"挡。图 3-23 所示为一带直流分量的方波信号应用三种耦合方式时得到的不同波形。

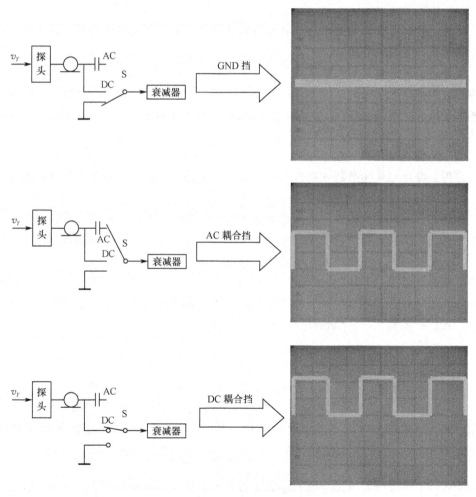

图 3-23　三种耦合方式的比较

3. 延迟线

由于触发扫描发生器只有当被观测的信号到来时才工作，所以扫描开始时间总是滞后于被观测信号一段时间。在观察脉冲信号时不易看到脉冲前沿。设置延迟线的目的是把加到垂直偏转板的脉冲信号也延迟一段时间，使信号出现的时间滞后于扫描开始时间，以保证观察包括脉冲前沿在内的脉冲全过程。延迟线只起延迟时间的作用，信号通过它时不能产生失真。

4. Y 放大器

Y 放大器提高示波器观察微弱信号的能力。Y 放大器应该有稳定的增益、较高的输入阻抗、足够宽的频带和对称输出的输出级。

Y 放大器分前置放大和输出放大两部分。前置放大器的输出信号一路引至触发电路，作为同步触发信号，另一路经延迟线延迟后引至输出放大器。

（1）Y 前置放大器

作用：将信号适当放大，从中取出内触发信号，并具有灵敏度微调、校正、Y 轴移位、极性反转等控制作用。

电路：Y 前置放大器大都采用差分放大电路，输出一对平衡的交流电压。若在差分电路的输入端输入不同的直流电位，相应的 Y 偏转板上的直流电位和波形在 Y 方向的位置也会改变。可通过调节"Y 轴位移"旋钮，调节直流电位以改变被测波形在屏幕上的位置。

（2）Y 输出放大器

作用：将延迟线传来的被测信号放大到足够的幅度，用以驱动示波管的垂直偏转系统，使电子束获得 Y 方向的满偏转。

Y 放大器电路常采用一定的频率补偿电路和较强的负反馈，以保证在较宽的频率范围内增益稳定及实现增益的变换。如示波器的 Y 通道的"倍率"开关常有"×1"和"×10"（或"×5"）两个位置，常态下"倍率"置于"×1"位置，可通过减小负反馈实现"倍率"置于"×10"，这便于观测微弱信号或观察信号的局部细节。通过调整负反馈还可进行放大器增益即灵敏度的微调。在用示波器作定量测试时，"倍率"旋钮应置于"×1"，灵敏度微调旋钮应放在"校正"位置。

5. 双踪显示原理

双踪示波器一般有五种显示方式：Y_A、Y_B、$Y_A \pm Y_B$、交替和断续。前三种都是单踪显示，"交替"和"断续"则是根据开关信号的转换速率不同，采用两种不同的时间分割方式，以实现同时显现两个波形，即"双踪"显示。双踪示波器 Y 通道框图如图 3-24 所示。

（1）交替方式

此时，电子开关转换频率与扫描频率相等，电子开关在每一次扫描结束时转换，使得每两次扫描分别显示一次 A 通道和一次 B 通道信号波形，交替进行，当待测信号频

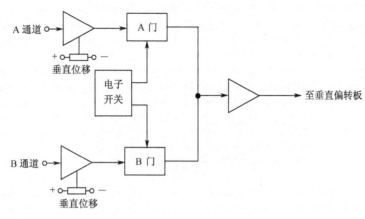

图 3-24 双踪示波器 Y 通道框图

率和扫描信号频率足够高时，荧光屏上稳定显示 A、B 波形。交替方式适用于显示被测信号频率较高的场合。

（2）断续方式

当输入信号频率较低时，交替显示会出现明显的闪烁。采用断续工作方式时，电子开关工作于自激振荡状态，电子开关转换频率远大于扫描频率，在一次扫描正程期间，电子开关转换多次，轮流将 A、B 两通道信号加于 Y 偏转板，显示图形由断续的亮点组成，断续方式适用于被测频率较低的场合。

知识 2 示波器垂直系统面板分布及操作要点

图 3-25 所示是示波器面板上的示波器垂直系统控制部分，其内部电路原理已在知识 1 中一一学习。下面结合电路原理来熟悉一下具体的旋钮、开关位置、功能及操作要点：

1）灵敏度选择（V/div）开关。用于调节波形垂直方向显示大小。该开关为套轴结构。外层旋钮起粗调作用，内层旋钮起微调作用，作定量测试时，应将内层旋钮顺时针旋到"校准"位置。输入通道选择。共有五种工作方式供选择。

2）输入耦合方式选择开关。"DC"挡用于测定信号直流绝对值和观测极低频信号。"AC"挡用于观测交流信号，"⊥"挡表示输入端接地，此时无观测信号，扫描线显示出"示波器地"在荧光屏上的位置。在电子电路实验中，一般选择"直流"方式，以便观测信号的绝对电压值。

3）Y 轴位移旋钮。用于调节波形在垂直方向的位移，调节此旋钮可上下移动信号波形。

4）倍率（×5 或 10）开关。按下此按键，灵敏度标称值可扩展 5 倍或 10 倍。

5）输入通道选择开关：输入通道选择至少有三种选择方式：通道 1（CH1）、通道 2（CH2）、双通道（DUAL）。选择通道 1 时，示波器仅显示通道 1 的信号。选择通道 2 时，示波器仅显示通道 2 的信号。选择双通道时，示波器同时显示通道 1 信号和通道 2 信号。此时，按下"叠加"功能即可实现对两通道信号的相加运算。同时，配合"Y 通道极性转换开关"，可实现对两通道信号的"减法"运算功能。

6）Y 通道极性转换开关。按下此按键，CH2 通道输入的信号为倒相显示。

7）Y 通道输入端口。

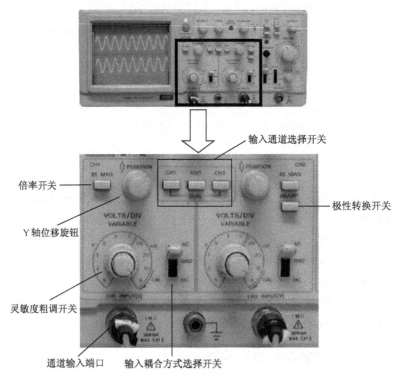

图 3-25　示波器垂直系统面板控制部分

知识 3　示波器的水平通道（X 通道）

示波器的水平通道主要由扫描发生器环、触发电路和 X 放大器组成。X 通道的作用是形成、控制和放大锯齿波扫描电压。触发电路为扫描信号发生器提供符合要求的触发脉冲。扫描信号发生器是水平通道的核心，用来产生线性度好、频率稳定、幅度相等的锯齿波电压。水平放大器放大锯齿电压波，产生对称的锯齿波输至水平偏转板以形成时间基线。X 通道组成原理框图如图 3-26 所示。

1. 触发电路

触发电路包括包括触发源选择、触发信号耦合方式选择、触发信号放大；触发整形电路（见图 3-27）。它用来产生周期与被测信号有关的、幅度和波形均满足一定要求的触发脉冲。这个触发脉冲被送至扫描门。

（1）触发源选择

一般触发信号有三个来源：来自垂直系统的内触发、来自外部输入的外触发以及来自 50Hz 交流电源的电源触发。

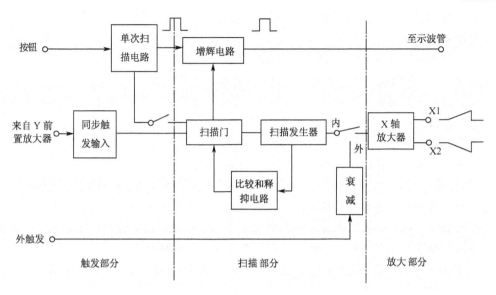

图 3-26 X 通道组成原理框图

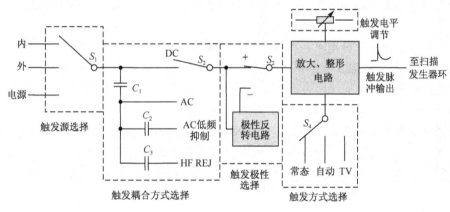

图 3-27 触发电路

1) 内触发（INT）：将 Y 前置放大器输出（延迟线前的被测信号）作为触发信号，适用于观测被测信号。

2) 外触发（EXT）：用外接的、与被测信号有严格同步关系的信号作为触发源，用于比较两个信号的同步关系。

3) 电源触发（LINE）：用 50Hz 的工频正弦信号作为触发源，适用于观测与 50Hz 交流有同步关系的信号。

（2）耦合方式选择

1) "DC" 直流耦合：用于接入直流或缓慢变化的触发信号。

2) "AC" 交流耦合：用于观察从低频到较高频率的信号。

3) "AC 低频抑制" 耦合：用于观察含有低频干扰的信号。例如观测有低频干扰（50Hz 噪声）的信号时，用这一种耦合方式较合适，可以避免波形晃动。

4)"HF REJ"高频抑制耦合：触发信号经电容 C_1 及 C_3 接入，电容量小，用于抑制高频成分的耦合。

(3) 扫描触发方式选择（TRIG MODE）

1) 常态（NORM）触发方式：将触发信号输入整形电路，以便经整形后，输出足以触发扫描电压电路的触发脉冲。它的触发极性是可调的，上升沿触发即为正极性触发，下降沿触发即为负极性触发，另外还可调节触发电平。这种触发方式只有触发源信号并产生了有效的触发脉冲时，荧光屏上才有扫描线。也即在没有输入信号或触发电平不适当时，就没有触发脉冲输出，因而也无扫描基线。

2) 自动（AUTO）触发方式：自动触发方式时，整形电路为一自激多谐振荡器，振荡器的固有频率由电路时间参数决定，该自激多谐振荡器的输出经变换后去驱动扫描电压发生器，所以，在无被测信号输入时仍有扫描，一旦有触发信号，则自激多谐振荡器由触发信号同步而形成触发扫描，一般测量均使用自动触发方式。

3) 电视（TV）触发方式：是在原有放大、整形电路基础上插入电视同步分离电路实现的，以便对电视信号（如行、场同步信号）进行监测与电视设备维修。

(4) 触发极性和触发电平选择

触发脉冲决定了扫描的起点，与这点相应的触发输入放大器的输出电压瞬时值，就是触发电路的触发电平。为了任意选择被显示信号的起始点，应在触发电路中设置两种控制：一是调节触发点的电平；二是改变触发极性。

1) 触发极性指在触发信号的上升沿或下降沿触发，前者为正极性触发，后者为负极性触发。

2) 电平指触发脉冲到来时所对应的触发放大器输出电压的瞬时值。

触发极性和触发电平相互配合，可在被观测波形的任一点触发。二者的选择不同，屏幕上显示的图形也不同。图 3-28 所示为被测正弦波在不同触发极性和电平时显示的波形。

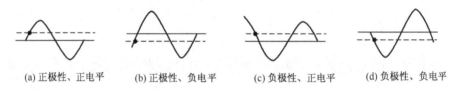

(a) 正极性、正电平　　(b) 正极性、负电平　　(c) 负极性、正电平　　(d) 负极性、负电平

图 3-28　不同触发"极性"和"电平"时显示的波形

(5) 放大整形成电路

其作用是对触发信号进行放大、整形，以满足触发信号的要求。整形电路的基本形式是电压比较器，当输入的触发源信号与通过"触发极性"和"触发电平"选择的信号之差达到某一设定值时，比较电路翻转，输出矩形波，然后经过微分整形，变成触发脉冲。

2. 扫描发生器环

扫描发生器环用来产生扫描信号。扫描电路包括扫描门、积分器及比较和释抑电路。如图 3-29 所示。扫描门在触发脉冲作用下，产生快速上升或快速下降的闸门信号，并启动积分器工作，产生扫描电压，同时送出闸门信号给增晖电路，以加亮扫描正程的光迹。释抑电路主要利用 RC 充放电电路组成一个充电时间常数很小而放电时间常较大的不对称多谐振荡器。在扫描正程，释抑电路充电，在回扫期放电。

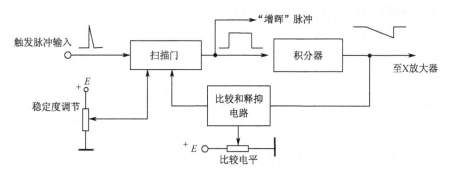

图 3-29　扫描发生器环组成

释抑电路的作用是：在回扫期关闭扫描门电路，使之不再为触发脉冲触发。只有释抑期结束后，扫描门才有重新被触发的可能。这样就保证了扫描电路工作的稳定，从而保证信号波形的稳定。

扫描方式选择包括连续扫描和触发扫描。常用的闸门电路有双稳态、施密特触发器和隧道二极管整形电路。

扫描电压产生器是一个密勒积分器，如图 3-30 所示。它能产生高线性度的锯齿波电压，密勒积分器是通用示波器中应用最广的一种积分电路。

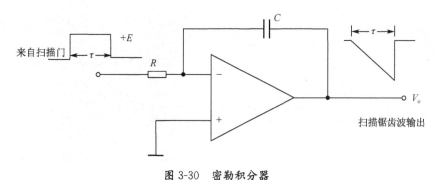

图 3-30　密勒积分器

该电路的输出为

$$V_{\circ} = -\frac{1}{C}\int_0^{\tau} \frac{E}{R}\mathrm{d}t = -\frac{E}{RC}t$$

荧光屏上单位长度所代表的时间称为示波器的扫描速度。在使用示波器时，经常要选择合适的扫描速度。改变扫描电压产生电路中定时电路的时基电阻和时基电容的大小，可以改变扫描正程的长短，从而起到改变扫描速度的作用。因此，在示波器中通常用改变 R 或 C 值作为"扫描速度"粗调，用改变 E 值作为"扫描速度"微调。

3. 水平放大器

水平放大器的作用是放大 X 轴的信号到足以使光点在 X 方向达到满偏的程度。X 放大器的输入端有"内"、"外"两个位置,当开关置"内"时,X 放大器放大扫描发生器环送来的扫描信号,屏幕上显示信号的时域波形;置"外"时,X 放大器加入外输入信号,示波器作为 X-Y 图示仪使用。

这部分的控制除了"内"、"外"外,还有 X 轴位移、扫描扩展和扫描因数的校准等。扫描时间因数定义为

$$D = \frac{t_0}{x_0}$$

式中　t_0——已知时间;

　　　x_0——屏幕上已知的偏转距离。

若改变整个水平系统的放大量为原来的 K 倍,则意味着屏幕上同样的水平距离所代表的时间缩小为原来的 $1/K$,称为扫描的扩展。当由于偏转灵敏度、扫描电压斜率发生改变等而引起扫描因数改变时,可以微调 X 放大器的增益来修正,称为扫描时间因数校准。

知识 4　示波器水平系统面板分布及操作要点

图 3-31 所示为示波器面板上的示波器水平系统控制部分,其内部电路原理已在知识 3 中一一学习。下面结合电路原理来熟悉一下具体的旋钮、开关位置、功能及操作要点。

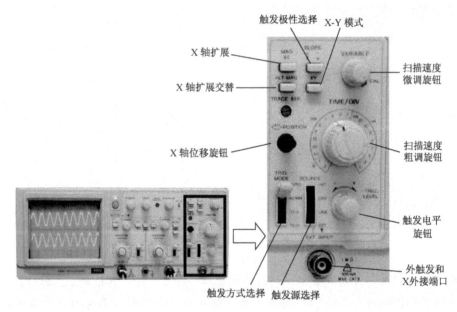

图 3-31　示波器水平系统面板控制部分

1) 扫描速度粗调旋钮(t/div)。用于调节波形水平方向显示大小。

2) 扫描速度微调旋钮。旋钮起微调作用,作定量测试时,应将该旋钮顺时针旋到

"校准"位置。

3）X 轴位移旋钮。用于调节波形在水平方向的位移。调节此旋钮可左右移动信号波形。

4）触发电平、锁定旋钮。用以调节触发点在信号上的位置。电平电位器逆时针方向旋至锁定位置，触发点将自动处于被测波形的中心电平附近。

5）触发源（内、外、电源）选择。

6）触发方式（常态、自动、高频）选择。常态挡采用来自 Y 轴或外接触发源的输入信号进行触发扫描，是常用的触发方式；自动挡用于观测较低频率信号，不必调整电平旋钮就能对被测信号实现同步。

7）触发极性（＋、—）选择。"＋"挡是以触发输入信号波形的上升沿进行触发启动扫描，"—"则是以波形的下降沿触发。

8）X 轴扩展。

9）X 轴扩展交替。交替显示原波形和扩展波形。

10）X-Y 模式。按下此按键，示波器工作在 X-Y 模式。

11）外触发 X 外接端口。

议一议

1）你如何看待示波器面板分布和其内部结构之间的关系？

2）示波器的 Y 通道所加信号决定了光点在哪个方向上的偏转轨迹？X 通道呢？它们和数学中所学过的函数波形有什么联系？

3）双踪示波器具备哪些显示功能？如何实现？

4）当示波器显示波形不稳时，如何调节？

5）示波器显示波形幅度过大时，如何调节？

6）示波器显示波形个数过少时，如何调节？

7）想一想，示波器能否显示直流电压信号？如何显示？

8）通过本任务的学习，你对示波器的理解和认识是否有较大提高？对示波器面板上的所有旋钮和按键的功能是否均能说明白？是否能快速地调节出来一个正常、清晰、稳定的信号波形呢？

评一评

类别	检测项目	评分标准	分值	学生自评	教师评估
任务知识内容	示波器的基本组成	对照示波器面板分布，熟悉示波器的基本组成	10		
	示波器 Y 通道的基本组成、原理及应用	掌握示波器 Y 通道的基本组成、原理应用	20		
	示波器 Y 通道的基本组成、原理及应用	掌握示波器 X 通道的基本组成、原理应用	20		

续表

类别	检测项目	评分标准	分值	学生自评	教师评估
任务操作技能	示波器的面板结构、各功能键的使用	理解面板结构，熟练掌握各按键及旋钮功能	20		
	示波器基本操作	熟练掌握示波器各项基本功能操作方法	20		
	安全规范操作	安全用电、按章操作，遵守实训室管理制度	5		
	现场管理	按 6S 企业管理体系要求、进行现场管理	5		

实训　示波原理测试基本操作训练（二）

一、实训目的

通过一些简单的操作，帮助大家更好地理解示波测试原理和掌握示波器基本操作。

二、实训仪器和器材

双踪示波器、函数信号源。

三、实训内容和步骤

训练点一　了解探头的输入特性

1）用信号发生器产生一个 10kHz、10mV 的方波信号。

2）分别用探头和测试线测试方波信号，比较结果的不同。

3）用小起子调整探头的补偿电容，并画出过补偿和欠补偿的波形（注意动作一定要轻柔，以免损坏探头）

思考题

结合对输入信号的影响，说明用示波器观测波形时，探头和测试线有什么区别？

训练点二　掌握被测信号垂直方向的变化关系

1）用信号发生器输出 $f=1kHz$、$V_{p-p}=10mV$ 的方波信号。

2）调节灵敏度粗调旋钮，观察波形显示幅度的变化，比较结果。

思考题

1）垂直方向代表了什么物理量？

2）为什么当灵敏主度粗调位置不同时，波形显示的高度不同？它们的幅度是否相同？

训练点三　掌握被测信号水平方向的变化关系

1）用信号发生器输出 $f=1\text{kHz}$、$V_{\text{p-p}}=10\text{mV}$ 的方波信号。

2）用示波器的不同扫描挡进行观察。

3）选择 $T=1\text{ms}$、$T=0.5\text{ms}$、$T=0.2\text{ms}$ 三挡，画出波形，比较结果。

思考题

1）水平方向代表了什么物理量？

2）为什么当 T 挡不同时，示波器显示的波形个数和宽度不同，它们的频率（或周期）是否相同？

3）扫描时间在测量不同频率的信号时应怎样选择？为什么？

训练点四　掌握耦合方式与被测信号的关系

观察信号发生器输出的纯交流信号和交直流混合信号时的波形变化。

1）观察纯交流信号先用 DC 挡测量，调节示波器垂直方向调节旋钮，观察波形变化；再用 AC 挡测量，如上步骤，观察波形变化。

2）观察交直流混合信号，先用 DC 挡测量，调节示波器垂直方向调节旋钮，观察波形变化；再用 AC 挡测量，如上步骤，观察波形变化。

思考题

总结三种耦合方式 AC、GND、DC 在应用中的不同。

训练点五　掌握双踪示波器几种显示模式

1）用信号发生器输出 $f=1\text{kHz}$、$V_{\text{p-p}}=10\text{mV}$ 的方波信号，同时接入示波器的两个输入通道。

2）练习示波器的单踪（CH1 或 CH2）显示、双踪显示、叠加、相减五种情况。

思考题

如何实现 CH1 和 CH2 通道信号的相减？

训练点六　了解同步扫描与触发

1）用信号发生器产生 1kHz、100mV 正弦波信号。

2）调整示波器得到稳定的波形。

3）旋转调节"电平"、"触发"、"极性"等旋钮和开关，观察波形变化。

思考题

1）"触发源"选择为什么只有打到"内"波形才能稳定？

2）"极性"选择在"+"和"-"波形有什么不同？为什么？

3）改变"电平"，波形有什么变化？为什么？

4）总结一下如何才能得到一个稳定的信号波形？

四、实训报告

总结各项实训结论，回答思考题。

任务三　数字存储示波器

任务目标

- 了解什么是数字存储。
- 掌握数字存储示波器的基本组成及原理。
- 了解数字示波器的应用。

任务教学模式

教学步骤	时间安排	教学方式
阅读教材	课余	自学、查资料、相互讨论
知识讲解	2学时	重点讲授数字存储的定义，数字存储示波器的基本原理及应用
操作技能		采用多媒体课件课堂演示

　　前面我们学习的通用示波器属于传统模拟示波器。如果信号在一秒内只有几次，或者信号的周期为数秒至更长，甚至于信号只发生一次，那又将会怎么样呢？在这种情况下，使用我们上面介绍过的模拟示波器几乎、甚至于完全不能观察这些信号。满足这些要求的就是数字存储示波器，如图3-32所示。数字存储示波器因具有波形触发、存储、显示、测量、波形数据分析处理等独特优点，自20世纪70年代诞生以来，应用越来越广泛，已经成为测试工程师必备的工具之一。同时，随着技术的发展，其价格在不断下降，目前其应用已非常普及。

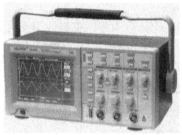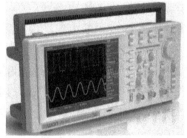

图3-32　数字存储示波器

 **读一读**

知识1　什么是数字存储

　　所谓数字存储就是在示波器中以数字编码的形式来储存信号。它有以下特点和功能：

1) 可以显示大量的预触发信息。

2) 可以通过使用光标和不使用光标的方法进行全自动测量。

3) 可以长期存储波形。

4) 可以将波形传送到计算机进行储存或供进一步的分析之用。

5) 可以在打印机或绘图仪上制作硬拷贝以供编制文件之用。

6) 可以把新采集的波形和操作人员手工或示波器全自动采集的参考波形进行比较。

7) 波形信息可以用数学方法进行处理。

知识2　数字存储示波器的原理

数字存储示波器是用数字电路来完成存储功能的，英文为"Digital Storage Oscilloscope"，简称DSO。在DSO中在输入信号接头和示波器CRT之间的电路不只是仅有模拟电路。输入信号的波形在CRT上获得之前先要存储到存储器中去。它用A/D转换器将模拟波形转换成数字信号，然后存储在存储器RAM中，需要时再将RAM中存储的内容调出，通过相应的D/A转换器，再将数字信号恢复为模拟量，显示在示波管的屏幕上。在数字存储示波器中，信号处理功能和信号显示功能是分开的，其性能指标完全取决于进行信号处理的A/D、D/A转换器。在示波器的屏幕上看到的波形总是所采集到的数据重建的波形，而不是输入连接端上所加信号的立即的、连续的波形显示。

图3-33所示为数字存储示波器的原理框图。当处于存储工作模式时，其工作过程一般分为存储和显示两个阶段。

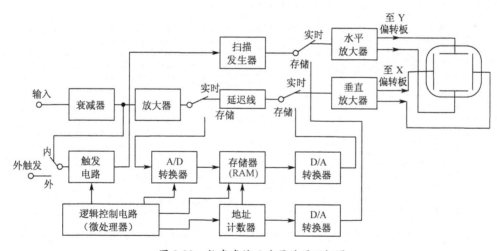

图3-33　数字存储示波器的原理框图

在存储工作阶段，将模拟信号转换成数字信号，在逻辑控制电路的控制下依次写入到RAM中。

在显示工作阶段，将数字信号从存储器中读出转换成模拟信号，经垂直放大器放大后加到CRT的Y偏转板。同时，CPU的读地址计数脉冲加至D/A转换器，得到一个

72

阶梯波扫描电压，驱动 CRT 的 X 偏转板。

知识拓展

既然数字示波器有那么多优点，为什么模拟示波器仍在广泛应用呢？

除了价格的原因，模拟示波器的某些特点，是数字示波器所不具备的。例如：操作简单，全部操作都在面板上；波形反应及时，数字示波器往往要较长处理时间；垂直分辨率高，连续而且无限级，数字示波器分辨率一般只有 8～10 位；数据更新快，每秒捕捉几十万波形，数字示波器每秒捕捉几十个波形；实时带宽和实时显示，连续波形与单次波形的带宽相同，数字示波器的带宽与采样率密切相关，采样率不高时须借助内插计算，容易出现混淆波形。

简言之，模拟示波器为工程技术人员提供眼见为实的波形，在规定的带宽内可非常放心地进行测试。人类五官中眼睛视觉十分灵敏，屏幕波形瞬间反映至大脑作出判断，微细变化都可感知。因此，模拟示波器深受使用者的欢迎。尤其是作为一般实验室用示波器，模拟示波器基本满足测试需要。

任务四　示波测试的基本应用

任务目标

- 掌握示波法测量电压的技术和方法。
- 掌握示波法测量周期的技术和方法。
- 掌握示波法测量频率的技术和方法。
- 掌握示波法测量相位的技术和方法。

 任务教学模式

教学步骤	时间安排	教学方式
阅读教材	课余	自学、查资料、相互讨论
知识讲解	2 学时	通过大量具体示例，重点讲授示波法测量电压、时间（周期）、频率及相位的技术和方法
操作技能	2 学时	通过三个实训项目，完成示波器应用技能训练

示波测试的基本应用体现在利用示波器进行电压、时间和频率等的测量。

知识 1　示波法测量电压

1. 直流电压的测量

（1）测量原理

利用被测电压在屏幕上呈现的直线偏离时间基线（零电平线）的高度与被测电压的大小成正比的关系进行的，即

$$V_{DC} = h \times D_y \times k_y$$

式中　V_{DC}——被测直流电压值；

h——被测直流信号线的电压偏离零电平线的高度；

D_y——示波器的垂直灵敏度；

k_y——探头衰减系数。

（2）测量方法

1）将示波器的垂直偏转灵敏度微调旋钮置于校准位置。

2）将待测信号送至示波器的垂直输入端。

3）确定零电平线。

4）将示波器的输入耦合开关拨向"DC"挡，确定直流电压的极性。

5）读出被测直流电压偏离零电平线的距离为 h。

6）计算被测直流电压值。

例 3-1　若示波器测直流电压时垂直灵敏度开关示意图如图 3-34 所示，$h = 4cm$、若 $k_y = 10:1$，求被测直流电压值。

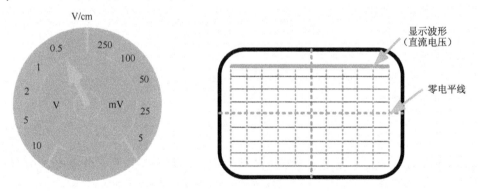

图 3-34　示波器测直流电压及垂直灵敏度开关示意图

解：由上图可知：

$$V_{DC} = h \times D_y \times k_y = (4 \times 0.5 \times 10) = 20V$$

2. 交流电压的测量

（1）测量原理

已知被测信号的峰—峰值为

$$V_{p-p} = h \times D_y \times k_y$$

式中　V_{p-p}——被测交流电压峰-峰值；

　　　h——被测交流电压波峰和波谷的高度；

　　　D_y——示波器的垂直灵敏度；

　　　k_y——探头衰减系数。

（2）测量方法

1）垂直偏转灵敏度微调旋钮置于校准位置；

2）接入待测信号；

3）输入耦合开关置于"AC"；

4）调节扫描速度使波形稳定显示；

5）调节垂直灵敏度开关；

6）读出被测交流电压波峰和波谷的高度；

7）计算被测交流电压的峰-峰值。

例 **3-2**　示波器正弦电压显示如图 3-35 所示，$h=8cm$、若 $k_y=1:1$，求被测正弦信号的峰-峰值和有效值。

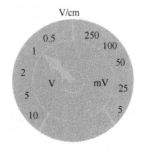
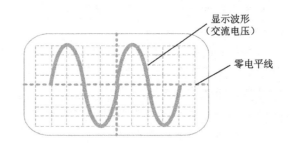

图 3-35　示波器正弦电压显示

解：正弦信号的峰-峰值为
$$V_{p-p} = h \times D_y \times k_y = 8 \times 1 \times 1 = 8V$$

正弦信号的有效值为

$$V = \frac{V_p}{\sqrt{2}} = \frac{V_{p-p}}{2\sqrt{2}} = \frac{8}{2\sqrt{2}} = 2.3V$$

需要特别注意的是，在测量时要灵活运用"X 轴位移"旋钮，将波形正峰和负峰分别调至垂直刻度线（见图 3-36）再读数，则这时峰-峰值之间的高度为 $h=h_1+h_2$（cm 或 div）。

3. 含直流成分的交流信号的测量

方法：交流信号幅值的测量方法同上。

直流成分的测量，先选用 AC 耦合方式，调整有关旋钮得到稳定的信号波形，选定波形的正峰点（或负峰点）作为假定的零电平位置；然后保持灵敏度粗调旋钮 D_y 位置

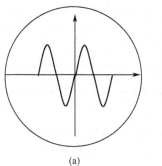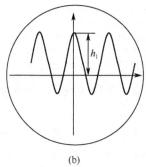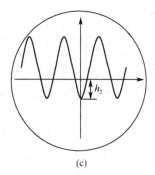

(a)　　　　　　　　　　(b)　　　　　　　　　　(c)

图 3-36　示波法测量交流电压

不变，选用 DC 耦合方式，得到同样的波形，此时确定出正峰点（或负峰点）跳变的距离，如为 h，则直流成分的大小即为 $h \times D_y$。

知识 2　示波法测量周期

1. 测量原理

被测交流信号的周期为

$$T = x D_x / k_x$$

x 为被测交流信号的一个周期在荧光屏水平方向所占距离；D_x 为示波器的扫描速度；k_x 为 X 轴扩展倍率。

2. 测量方法

1）将示波器的扫描速度微调旋钮置于"校准"位置。

2）将待测信号送至示波器的垂直输入端。

3）将示波器的输入耦合开关置于"AC"位置。

4）调节扫描速度开关，使波形显示正常记录 D_x 值。

5）读出被测交流信号的一个周期在荧光屏水平方向所占的距离 x。

6）计算被测交流信号的周期。

例 **3-3**　荧光屏上的波形如图 3-37 所示，信号一周期 7cm，扫描速度开关置于"10ms/cm"位置，扫描扩展置于"拉出×10"位置，求被测信号的周期。

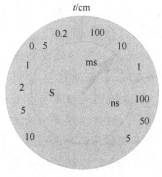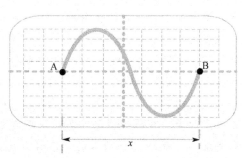

图 3-37　示波器测量周期波形

解：

$$T = xD_x/k_x = \frac{7 \times 10}{10} = 7\text{ms}$$

需要特别说明的是：上述测量方法和计算方法必须有一个前提，即图中 A、B 两点必须是等相位点，即调整波形时要保证波形关于零电平线对称。实际中经常用下面的方法巧妙地进行周期和频率的测量。

在测量时要灵活运用"Y 轴位移"旋钮，将波形相邻两个正峰或负峰分别调至水平刻度线（见图 3-38）再读数，则这时峰–峰值之间间隔距离为 x（div），所以 $T = x \times D_x/k_x$。

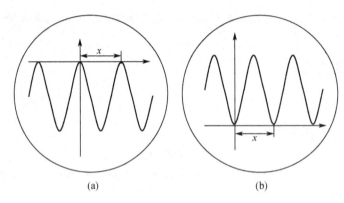

图 3-38　示波法利用"Y 轴位移"测量

利用类似方法，还可对时间间隔、脉冲宽度等进行测量。

知识 3　示波法测量频率

（1）时间测量法

周期性重复频率 f 的测量与周期 T 的测量在原理上相同。二者之间的关系为

$$f = \frac{1}{T} \quad (\text{Hz})$$

（2）李沙育图形测量频率

测量原理："李沙育图形"又称波形合成法，就是将被测频率的信号和频率已知的标准信号分别加至示波器的 Y 轴输入端和 X 轴输入端，在示波器荧光屏上将出现一个合成图形，这个图形就是李沙育图形。李沙育图形随两个输入信号的频率、相位、幅度不同，所呈现的波形也不同。从比较得到的李沙育图形的形状，可得到被测信号的频率。当图形是一个圆或一椭圆时，表明被测信号频率与标准信号频率相同，如图 3-39（a）所示。若图形为稳定的横向或纵向的叠加圆环，则被测信号频率与标准信号频率成整倍数或整约数关系，如图 3-39（b）、（c）、（d）所示。这种读频率值的方法，必须是荧光屏上的李沙育图形稳定不动。若荧光屏上的图形不断翻滚，即两个信号的频率比值不是整数，应调整 X 轴输入的标准频率值，使波形完全稳定后再求值，有时也可以估计出比值，如图 3-39（e）、（f）和（g）所示。

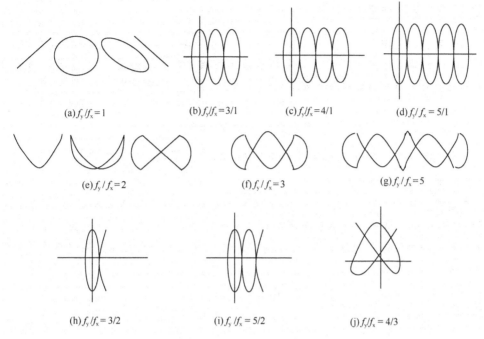

(a)$f_y/f_x=1$ (b)$f_y/f_x=3/1$ (c)$f_y/f_x=4/1$ (d)$f_y/f_x=5/1$

(e)$f_y/f_x=2$ (f)$f_y/f_x=3$ (g)$f_y/f_x=5$

(h)$f_y/f_x=3/2$ (i)$f_y/f_x=5/2$ (j)$f_y/f_x=4/3$

图 3-39 几种李沙育图形

对任意比值的频率比，为了从李沙育图形读出频率值，首先要确定图形中的两个频率的比值。具体做法是通过李沙育图形引过一条水平线和一条垂直线。这两条线既不能通过图形的交点，也不要与图形相切，应使所引的线与图形的交点最多（见图 3-40）。设水平引线的交点为 n_x，垂直引线的交点为 n_y，则 Y 轴输入信号的频率 f_y 与 X 轴输入的标准频率比值为 $f_y/f_x=n_x/n_y$，则待测信号的频率为 $f_y=(n_x/n_y)\times f_x$，如图 3-39（h）、（i）、（j）所示。

例 3-4 图 3-40 所示为李沙育图形，已知 X 通道信号频率为 6MHz，问 Y 通道信号的频率是多少？

解：

$$f_y=(n_x/n_y)\times f_x=[(2/6)\times 6]=2\text{MHz}$$

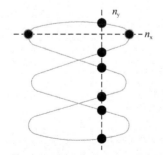

图 3-40 李沙育图形

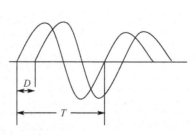

图 3-41 相位的时差测量法

知识 4　示波法测量相位

（1）时差测量法

利用双踪显示可测量得两个相同频率信号的相位关系，如图 3-41 所示，测量出两信号的时间差 D（用 div 的格数表示），按下式换算出其相位差为

$$\phi = 360° \times (D/T)$$

式中　T——信号一个周期所占有的格数（即 div 数）。

注意：测量时应将 Y 轴触发源开关置于"Y_B"位置，X 轴选择"内"触发。

（2）李沙育图形测量法

示波器置于"X-Y"工作方式，分别把两个频率相同相位不同的被测信号送入 CH_1、CH_2 通道，然后仔细调节两通道的"灵敏度"开关与"位移"旋钮，使两信号的相位差合成的李沙育图形稳定地显示在屏幕中心，则可根据所显示的图形来确定两信号的相位差，如图 3-16 所示。

议一议

1）总结示波器测量电压的技术、方法及应用中的技巧。
2）总结示波器测量周期的技术、方法及应用中的技巧。
3）总结示波器测量频率的技术和方法。
4）总结示波器测量相位的技术和方法。

评一评

类别	检测项目	评分标准	分值	学生自评	教师评估
任务知识内容	示波器测量电压的技术和方法	掌握基本测量方法、读数方法及计算方法	15		
	示波器测量周期的技术和方法	掌握基本测量方法、读数方法及计算方法	15		
	示波器测量频率的技术和方法	掌握基本测量方法、读数方法及计算方法	15		
	示波器测量相位的技术和方法	理解基本测量方法、读数方法及计算方法	5		
任务操作技能	示波的基本显示功能	熟练操作各按键及旋钮，正常显示波形	10		
	示波器的基本测量功能	熟练掌握示波器各项功能操作方法	30		
	安全规范操作	安全用电、按章操作，遵守实训室管理制度	5		
	现场管理	按 6S 企业管理体系要求、进行现场管理	5		

做一做

本节设置了三个完整的操作实训，通过完成这三个任务，帮助我们更好地理解示波测试原理，掌握用示波器观测正弦信号的幅度和频率这项最基本的应用。另外，用两种方法对调幅信号的幅度进行测量，加深理解示波器作为 X-Y 图示仪的意义及应用。

实训 1　用示波器观测正弦信号的幅度和频率

一、实训目的

1）熟悉通用示波器面板上各开关旋钮的作用。
2）掌握示波器的基本使用方法。
3）用示波器观测正弦信号。

二、实训仪器和器材

双踪示波器、低频信号发生器、电子电压表

三、实训内容和步骤

1）将低频信号发生器的输出端与示波器 Y 轴输入端相连，并将示波器置于单踪工作状态。

2）调节信号发生器使其输出信号与电压值如表 3-4 所示，使用电子电压表监测。同时调节示波器，屏幕上便显示出稳定的正弦波形，并测出相应的幅度和周期；最后将测量数据填入表 3-2 中。

表 3-2　数据记录和处理

低频信号发生器的输出	频　率	100Hz	1kHz	10kHz	100kHz	500kHz	1MHz
	幅度（V_{p-p}值）/mV	200	100	80	70	60	50
电子电压表测量值/mV							
示波器测量电压	V/div 挡级						
	读数/格						
	V_{p-p}/mV						
	有效值/mV						
示波器测量周期	t/div 挡级						
	读数/格						
	周期/s						
	频率/Hz						

四、误差分析

1）将示波器测量出的信号幅值 V_{p-p} 与信号源的输出相比较，计算测量相对误差，分析误差原因。

2）将示波器测量出的频率与信号源的输出相比较，计算测量相对误差，分析误差原因。

3）将示波器测量出的有效值与电子电压表的测量值相比较，计算测量相对误差，分析误差原因。

五、实训报告

认真填写实验数据，结合前面的理论学习和技能训练，总结出示波器测量信号幅值和周期的方法。

实训2　波形合成法测频率和相位

一、实训目的

观察李沙育图形，了解用李沙育图形测量信号频率和相位的基本方法。

二、实训仪器和器材

1）双踪示波器。
2）低频信号发生器。
3）高频信号发生器。

三、实训内容和步骤

1. 频率的测量

1）将高频信号发生器输出的 1kHz，50mV 正弦信号作为标准信号接入示波器的 CH1（Y），把低频信号发生器输出的正弦信号作为被测信号接入 CH2（X）通道。

2）调节低频信号发生器，使其输出频率分别为 50Hz、100Hz、200Hz、500Hz、1kHz 正弦信号。

3）将显示模式扳到"X-Y"模式。

4）调节信号源和示波器，使屏幕上显示出李沙育图形。

2. 相位的测量

1）调节低频信号发生器，使其输出 1kHz，50mV 的正弦信号。

2）将信号同时接入示波器的两通道。

3）将显示模式打到"X-Y"模式。

4）调节信号源和示波器，使屏幕上显示出李沙育图形。

5）撤除其中一个低频信号，将高频信号发生器输出的 1kHz 正弦信号接入示波器，观察波形。

四、实训现象记录和分析

记录每次测量的波形，与李沙育图形对照，得出结论。

五、实训报告

结合实验分析想一想，李沙育图形测量反映了示波测试技术在哪些方面的应用？

实训 3 调幅波调幅系数测量

一、实训目的

1) 用示波器观测高频调幅波信号。
2) 用示波器的 X-Y 功能实现对高频调幅波信号的梯形法测量。

二、实训仪器和器材

1) 双踪示波器
2) 高频信号发生器

三、实训过程

1) 将高频信号发生器输出的调幅波接入示波器 Y 轴通道，显示调幅信号的时域波形，如图 3-42 所示。此时，调幅系数按下式计算：

$$m = U/U_m = \frac{A-B}{A+B} \times 100\%$$

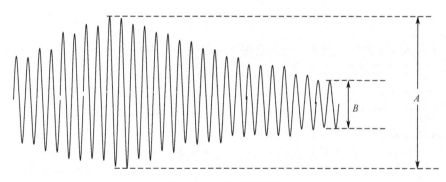

图 3-42 调幅波波形图

2) 将调幅波加至 Y 轴，X 轴接入低频调制信号，采用 X-Y 显示方式。这时显示波形如图 3-43 所示，图形为梯形。此时，调幅系数仍按上述公式计算。

四、实训数据分析

记录数据，分析误差。

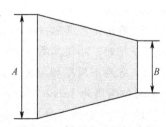

图 3-43 梯形法测调幅系数

五、实训报告

总结实训结论并思考：在本实训测量中，X-Y 显示方式测量有什么优点？

项 目 小 结

• 本项目介绍了示波测试技术及应用。主要内容有：示波测试原理、通用示波器的基本组成、工作原理及其应用。

• 电子示波器能够在荧光屏上显示电信号的波形，其核心部件是示波管。示波管由电子枪、偏转系统和荧光屏三部分组成。电子枪的作用是发射电子束、对电子束聚焦及加速。偏转系统的作用是决定光点在屏幕上的位置。示波测试的理论基础是光点在荧光屏上偏转的距离与偏转板上所加的电压成正比。荧光屏的作用是将电信号变为光信号显示。

• 示波器得到稳定波形的条件是，Y 偏转板上接入被测信号，X 偏转板上接入锯齿波扫描电压，并且，扫描电压的周期等于被测信号周期的整数倍，即满足同步关系。

• 通用示波器主要由示波管、垂直通道和水平通道三部分组成，此外还包括电源电路和校准信号发生器。垂直通道包括衰减器、放大器、延迟线及必要的附件如探极等；示波器的水平通道主要由扫描发生器环、触发电路和 X 放大器组成。

• 示波器可以用来观测信号波形，测量电信号电压、周期、频率、时间、相位、调制系数等参量。

思考与练习

1. 通用示波器由哪几部分组成？各部分的作用是什么？

2. 示波器 Y 通道由哪些电路组成？各有什么作用？

3. 示波器 Y 通道内为什么既有衰减器又有放大器？

4. 示波器的 X 通道由哪几部分组成，各部分的作用是什么？

5. 试说明触发电平、触发极性调节的意义。

6. 示波器测试时，为什么要求输入信号用专用探头接入？

7. 用示波器测一正弦信号，测量时信号经衰减 10 倍的探极加到示波器 Y 通道，测得其在荧光屏上的总高度为 4.4div，Y 轴灵敏度粗调开关在 50mV/div，问该信号的有效值是多少？

8. 用示波器观察一方波信号，灵敏度旋钮 V/div 置于 0.02mV 挡。扫描旋钮 t/div 置于 20 s 挡时，测得其高度 $H=3$div，方波宽度 $W=2$div，计算该方波信号的频率和幅度。

9. 有两个周期相同的正弦波信号，在示波器屏幕上显示其周期为 4div，两信号波形间相位间隔为 1div，试计算两波形的相位差。

10. 数字存储示波器与模拟示波器相比有何特点？

项目四

频率和时间测量技术

随着电子技术的发展和普及，"频率"已成为大家所熟悉的物理量。无论是日常生活还是高科技中，频率和时间的应用都显得尤为重要。例如，电视机、移动通信、地震预报、航天飞机、导航定位控制等都是与频率时间密切相关的。那么，什么是频率和时间？如何对它们进行测量呢？本项目将介绍频率和时间的测量技术以及常用的测量频率和时间的仪器——电子计数器的测量原理、功能和基本应用。

知识目标

- 了解频率测量的几种基本测量技术。
- 掌握电子计数器测量频率、周期、频率比、时间间隔和累计计数的基本原理，能画出相应的原理框图。
- 理解电子计数器的分类、基本组成和应用。
- 了解电子计数器测量误差来源和性质，理解量化误差对测量结果的影响。

技能目标

- 能正确使用电子计数器测量信号的频率、周期等基本参数。
- 使用电子计数器测量时，会采取简单的措施减小量化误差对测量结果的影响。

任务一　频率的概念和几种基本的测量方法

- 理解频率和时间的概念。
- 了解频率测量的几种基本方法，理解其测量原理。
- 了解电子计数器的功能和分类。

任务教学模式

教学步骤	时间安排	教学方式
阅读教材	课余	自学、查资料、相互讨论
知识讲解	2学时	重点讲授频率和时间的基本概念，几种测量方法的基本原理
实践操作		结合专业基础课程中做过的实验内容，回顾并采用多媒体课件课堂演示的方法进行

知识1　频率和时间的基本概念

在相等时间间隔内重复发生的现象称为周期现象，该时间间隔称为周期。在单位时间内周期性过程重复、循环或振动的次数称为频率，单位为 Hz（赫兹）。频率和时间互为倒数，是最基本的参量。在电子测量中，频率的测量准确度最高。

知识2　测量频率的常用测量方法

测量频率的方法很多，如图4-1所示。

图 4-1　频率测量方法分类

这里介绍几种常用的测量频率的方法。

1. 电桥法测频

电桥法测频即是利用电桥的平衡条件和被测信号频率有关这一特性来进行测量的。

可以利用凯尔文电桥（又称双臂电桥或谐振电桥）来测量低频频率，如图 4-2 所示，调节电容 C_1 和电阻 R_2 使电桥平衡，被测频率值为

$$f_x = \frac{1}{2\ RC}$$

式中，$R_1 = R_2 = R$，$C_1 = C_2 = C$，$R_3 = 2R_4$。

电桥法测频测量精度不高，受元件参数影响大，频率范围低（10kHz 以下）。

2. 谐振法测频

谐振法测频就是将被测信号加到谐振电路上（见图 4-3），然后根据电路对信号发生谐振时频率与电路的参数关系 $f_x = 1/(2\ \sqrt{LC})$，由电路参数 L、C 的值确定被测频率。

谐振法测频测量精度不高、受元件参数影响大；测量原理和测量方法都比较简单，应用较广泛。

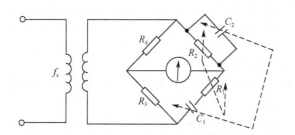

图 4-2　凯尔文电桥法测频原理图

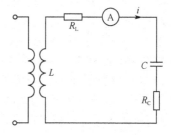

图 4-3　谐振法测频原理图

3. 示波测周法测频

如图 4-4 所示，因为 $f = 1/T$，在学习前面的项目时已经知道，示波器能够测量信号波形的一个周期所需要的时间 T，从而得到频率 f。

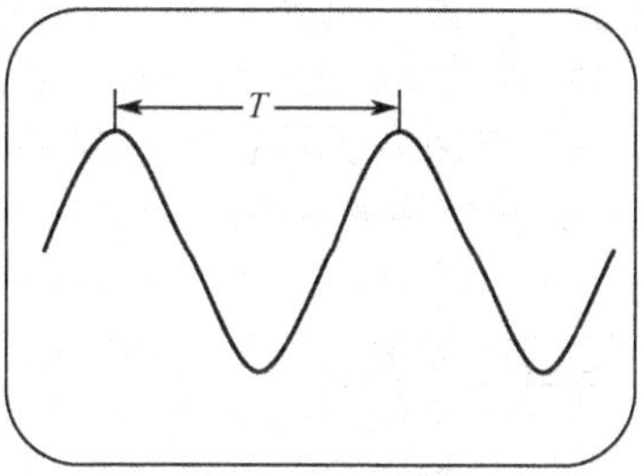

4. 李沙育图形法测频

利用一台标准信号源产生一个标准的正弦信号去

图 4-4　示波测周法测频

和被测信号一起分别从示波器 X 轴和 Y 轴输入，通过观察李沙育图形来进行比较测量，如图 4-5 所示。

5. 计数器法测频

利用电子计数器测量频率是一种数字测量方法，如图 4-6 所示，它利用标准频率与被测频率进行比较来测量频率，其实质也是比较测频。

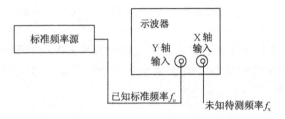

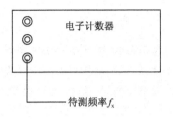

图 4-5　李沙育图形法测频示意图　　　　　图 4-6　计数器测频示意图

知识 3　电子计数器的功能和分类

1. 电子计数器基本功能

利用电子计数器测量频率和时间，具有测量精度高、速度快、操作简单、可直接显示数字、便于与计算机结合实现测量过程自动化等优点，是目前最好的测频方法。

电子计数器是一种最常见和最基本的数字仪器，具备多种测试功能。目前实验室用电子计数器属通用计数器，一般都具有测频和测周两种以上的功能。一般实验多用仪和函数信号发生器都自带有外测频功能，用计数器测量频率测频范围宽、精确度高，用数字显示，在频率测量方面基本上取代了传统的模拟式仪器。

2. 电子计数器的分类

按测量功能的不同，电子计数器分为以下几类。

1）通用电子计数器：即多功能电子计数器，可以测量频率、频率比、周期、时间间隔及累加计数等，通常还具有自检功能。

2）频率计数器：指专门用于测量高频和微波频率的电子计数器，它具有较宽的频率范围。

3）计算计数器：指带有微处理器，能够进行数学运算，能求解较复杂议程等功能的电子计数器。

4）特种计数器：指具有特殊功能的电子计数器。如可递计数器、预置数计数器、程序计数器和差值计数器等，主要用于工业自动化，尤其在自动控制和自动测量方面。

议一议

1）回顾专业基础课程中学过哪些测量交流信号频率的方法和技术？

2）频率计是一台数字化仪器，为更好理解其原理，回顾一下专业基础课程《数字电路》中有关知识：如门电路、译码显示电路、触发器及计数器等。

类别	检测项目	评分标准	分值	学生自评	教师评估
任务知识内容	频率和时间的概念	理解频率和时间的概念	10		
	频率测量的几种基本方法，理解其测量原理	了解频率测量的几种基本方法，理解其测量原理	30		
	电子计数器的功能和分类	了解电子计数器的功能和分类	20		
任务操作技能	频率的几种常用测量方法	掌握示波器测量频率方法，了解谐振法、电桥法和计数器法	30		
	安全规范操作	安全用电、按章操作，遵守实训室管理制度	5		
	现场管理	按6S企业管理体系要求，进行现场管理	5		

任务二　通用电子计数器测量原理

- 掌握电子计数器测量频率、频率比、周期、时间间隔和累加计数的工作原理，并能画出相应的原理框图。
- 理解电子计数器自校的工作原理。

任务教学模式

教学步骤	时间安排	教学方式
阅读教材	课余	自学、查资料、相互讨论
知识讲解	2学时	重点讲授频率和周期测量基本原理，注意测频和测周原理框图的对比、对照分析和讲解，掌握典型波形图
操作技能		教师演示实验或采用多媒体课件课堂演示的方法进行

知识1　电子计数器测频原理

对一个周期性信号，若在一定时间间隔 T 内计得这个周期性信号的重复变化次数 N，则其频率为

$$f = \frac{N}{T}$$

由上式可看出，只要知道了 N 和 T，就可决定频率。电子计数器测频方案主要包括两个部分，计数部分和时基选择部分。图 4-7 所示是计数器测频原理框图，是严格按上式进行的，图 4-8 所示为其工作波形图。过程是：任何输入信号都要经脉冲形成电路整形成窄脉冲，以便进行可靠的计数；标准时间由高稳定的晶振经过分频整形去触发门控双稳取得。仅在由门控电路输出决定的时间——开启时间 T 内，被测频率的信号才能通过闸门进入计数器计数并显示。

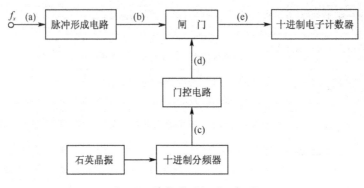

图 4-7　计数器测频原理框图

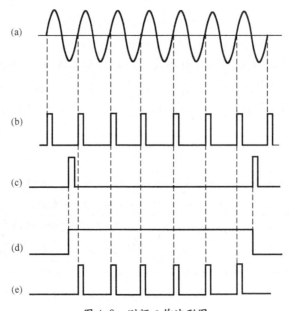

图 4-8　测频工作波形图

计数的多少，由闸门开门时间 T 和输入信号频率 f 决定。例如，令 $T=1s$，计数值为 100000，则被测频率 $f_x=100000Hz$，如果计数器单位显示为"kHz"，则显示 100.000kHz；即小数点定在第三位。当 $T=0.1s$，计数值为 10000，这个数乘以 10 就等于 1s 的计数值，则 $f_x=10000\times 10=100000Hz$。实际上，当改变闸门时间 T 时，显示器上的小数点也随之右移一位（自动定位），即显示 1000.00kHz。在计数器中，不

同的闸门时间可用改变分频器的分频系数来加以选择，显示的数字单位或小数点位置与
"闸门时间"选择开关联动。

上述测频原理实质上是比较测量，它将 f_x 与时基信号频率比对，两个频率相比的
结果以数字的形式显示出来。

知识2 电子计数器测周原理

周期是频率的倒数，表示电信号重复一次所需要的时间。测周原理框图如图4-9所
示。被测信号从B输入端输入，经脉冲形成电路的放大整形变成方波，加到主门作为
门控信号；同时，晶振产生的标准信号（又称时标信号）经分频或倍频后送到主门作为
计数脉冲。计数器对门控信号作用期间通过时标信号进行计数。若计数器读数为 N，
标准时标信号周期为 T_0，则被测周期 $T_x = NT_0$。

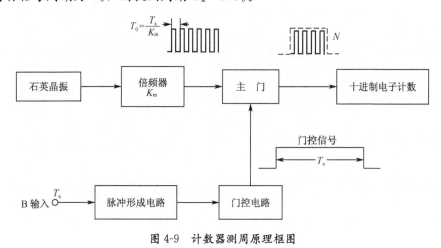

图 4-9　计数器测周原理框图

知识3 电子计数器测时间间隔原理

时间间隔的测量和周期的测量，都属于测量信号或信号间的时间长度，因此，测量
方案基本相同。图4-10所示是时间间隔测量框图。与周期测量的区别在于，门控双稳
不再采用计数触发，而是要求测量时间间隔的两个信号分别作为置0、置1的触发信
号。为此，需要设置B、C两个独立的输入通道。两个通道可分别设置触发电平和触发
极性。利用B、C输入通道分别控制门控双稳电路的启动和复原。输入通道B为起始通
道，用来开通主门；C通道信号为计数器的终止信号，工作波形如图4-11所示。

注意：在测量两个输入信号的时间间隔时，将开关S置于"分"位置；在测量同一
个输入信号内的时间间隔时，将开关S置于"合"位置，两输入通道并联，被测信号由
此公共输入端输入，调节两个通道的触发斜率和电平可测量脉冲信号的脉冲宽度、前沿
等参数。

90

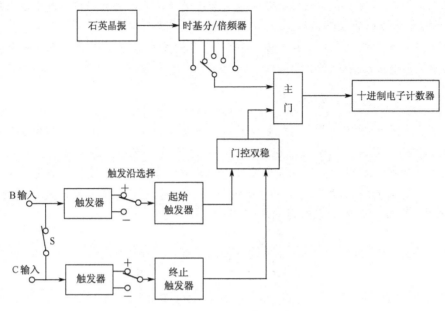

图 4-10　时间间隔测量原理框图

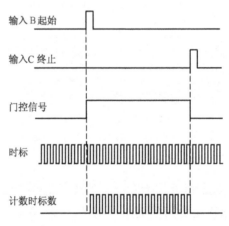

图 4-11　时间间隔测量工作波形图

知识4　电子计数器测频率比（A/B）原理

频率比是指两路信号源 A 与 B 的频率比。应用这个测量项目，可以很快测得电路的分频或倍频系数。图 4-12 所示是频率比测量的原理框图，测量时将频率低的信号由"B"输入，经放大整形后去触发门控双稳电路，产生的门控信号打开主门；将频率高的信号由"A"门输入，经放大整形后也送到主门，由于主门每次开启的时间为 B 信号一个周期的时间 T_B，故计数器计得的数为 T_B 时间内 A 信号的脉冲个数 NT_A。所以，频率比 $N=f_A/f_B$。

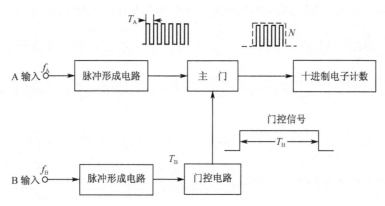

图 4-12 计数器测频率比原理框图

知识5 电子计数器累加计数原理

该测量项目用于直接统计所取时间内的脉冲数目。图 4-13 所示是累加计数的原理框图，被测信号经"A"通道输入，经放大整形后送入人工控制的主门，再送入计数器；门控电路的开启由人工控制，由计数器直接积累出脉冲总数。

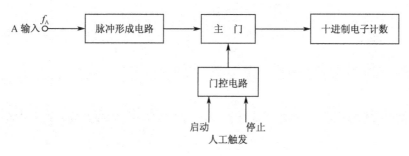

图 4-13 计数器累加计数原理框图

知识6 电子计数器自校原理

该项目用作计数器测量之前，对仪器本身作检查之用。图 4-14 所示是计数器自校的原理框图，由此可见，自校过程与测量频率的原理相似，不过自校时的计数脉冲不再是被测信号而是晶振信号经倍频后产生的时标信号。因此，计数的结果是可以预知的。显然，

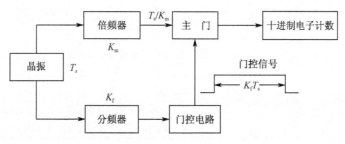

图 4-14 计数器自校原理框图

$NT_s/K_m=K_fT_s$，即 $N=K_mK_f$，如果计数值与已知值相同，则表明机内工作逻辑正常。

  议一议

电子计数器的功能有哪些？其中哪两个功能是最基本的功能？为什么？

  评一评

类别	检测项目	评分标准	分值	学生自评	教师评估
任务知识内容	电子计数器测量频率和周期的工作原理	掌握电子计数器测量频率和周期的工作原理，并能画出相应的原理框图	30		
	电子计数器测量频率比、时间间隔和累加计数的工作原理	掌握电子计数器测量频率比、时间间隔和累加计数的工作原理，并能画出相应的原理框图	30		
	电子计数器自校的工作原理	理解电子计数器自校的工作原理	20		
任务操作技能	电子计数器的基本功能和基本应用	理解电子计数器的基本功能和基本应用	10		
	安全规范操作	安全用电、按章操作，遵守实训室管理制度	5		
	现场管理	按6S企业管理体系要求，进行现场管理	5		

任务三　通用电子计数器基本组成

 任务目标

- 理解掌握电子计数器的基本组成单元。
- 理解电子计数器各组成单元的作用。
- 掌握电子计数器面板结构和基本应用。

 任务教学模式

教学步骤	时间安排	教学方式
阅读教材	课余	自学、查资料、相互讨论
知识讲解	2学时	结合任务二中的各个功能原理图，对照讲解组成单元及原理
实践操作	2学时	教师演示实验或采用多媒体课件演示 实训：练习掌握电子计数器（频率计）基本操作

知识1 电子计数器的基本组成

电子计数器的基本组成原理框图如图 4-15 所示。这是一种通用型多功能电子计数器。电路由 A、B 输入通道、时基产生与变换单元、主门、控制单元、计数及显示单元等组成。电子计数器的基本功能是频率测量和时间测量，但测量频率和测量时间时，加到主门和控制单元的信号源不同，测量功能的转换由开关来操纵。累加计数时，加到控制单元的信号则由人工控制。至于计数器的其他测量功能，如频率比测量、周期测量等则是基本功能的扩展。

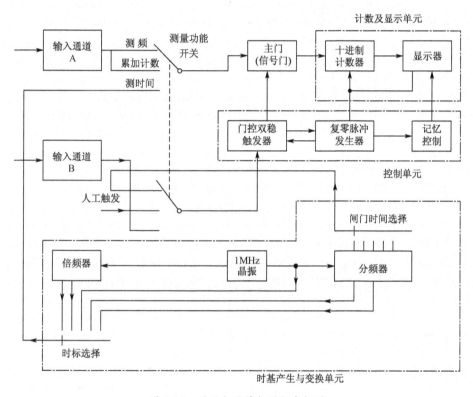

图 4-15 通用电子计数器组成框图

1. A、B 输入通道

输入通道送出的信号，经过主门进入计数电路，它是计数电路的触发脉冲源。为了保证计数电路正确工作，要求该信号具有一定的波形、极性和适当的幅度，但输入被测信号的幅度不同，波形也多种多样，必须利用输入通道对信号进行放大、整形，使其变换为符合主门要求的计数脉冲信号。输入通道共有两路。由于两个通道在测试中的作用不同，也各有其特点。

A输入通道是计数脉冲信号的输入电路。其组成如图4-16（a）所示。当测量频率时，计数脉冲是输入的被测信号经整形而得到的。当测量时间时，该信号是仪器内部晶振信号经倍频或分频后再经整形而得到的。究竟选用何种信号，由选通门的选通控制信号决定。

B输入通道是闸门时间信号的通路，其组成如图4-16（b）所示。用于控制主门是否开通。该信号经整形后用来触发双稳态触发器，使其翻转。以一个脉冲启开主门，而以随后的一个脉冲关门。两脉冲的时间间隔为开门时间。在此期间，计数器对经过A通道的计数脉冲计数。为保证信号在一定的电平时触发，输入端可对输入信号电平进行连续调节。在施密特电路之后还接有倒相器，从而可任意选择所需要的触发脉冲极性。

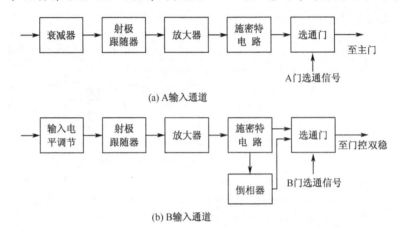

图 4-16　输入通道框图

有的通用计数器闸门时间信号通路有两通道，分别称为B、C通道。两通道的电路结构完全相同。B通道用来作门控双稳的"启动"通道，使双稳电路翻转；C通道用作门控双稳"停止"通道，使其复原。两通道的输出经由或门电路加至门控双稳触发器的输入端。

2. 主门

主门又称信号门或闸门，对计数脉冲能否进入计数器起着闸门的作用。主门电路是

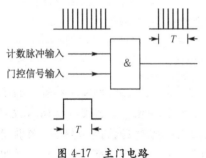

图 4-17　主门电路

一个标准的双输入逻辑与门，如图4-17所示。它的一个输入端接入来自门控双稳触发器的门控信号，另一个输入端则接收计数用脉冲信号。在门控信号有效期间，计数脉冲允许通过此门进入计数器计数。

在测量频率时的门控信号为仪器内部的闸门时间选择电路送来的标准信号，在测量周期或时间时则是整形后的被测信号。

3. 时基信号产生与变换单元

时基单元的主要功能是产生测频时的"门控信号"（多挡闸门时间可选）及时间测量时的"时标"信号（多挡可选）。由内部晶体振荡器（也可外接）产生标准频率，经分频或倍频得到，再通过门控双稳态触发器得到"门控信号"。图4-18所示为电路原理框图的实例。

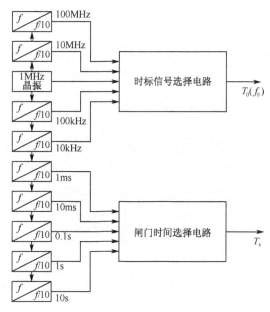

图4-18　时基信号产生与变换单元

由1MHz晶振产生的标准频率信号，作为通用计数器的时间标准。该信号经倍频或分频后可提供不同的时标信号，用于计数或作门控信号。当晶振频率不同时，或要求提供的闸门信号和时标信号不同时，倍频和分频的级数也不同。一般地，晶振频率经分频后，得到常用的"闸门时间"有1ms、10ms、100ms、1s、10s等几种；晶振频率经倍频后得到常用的"时标"有10ns、100ns、1 s、10 s、100 s、1ms等几种。

4. 逻辑控制单元

该单元用来控制计数器的工作程序，即"准备→计数→显示→复零→准备下一次测量"的工作程序有条不紊地工作。控制单元由若干门电路和触发器组成的时序逻辑电路构成。

5. 计数与显示单元

本单元用于对主门输出的脉冲计数并显示十进制脉冲数。由二-十进制计数电路及译码器、数字显示器等构成。它有三条输入线，一条是计数脉冲用的信号输入线，一条是复零信号线，第三条是记忆控制信号线。它对通过主门的脉冲进行计数，计数值代表了被测频率或时间。为便于观察和读数，用来进行脉冲计数的二-十进制计数器，以十进制计数方式显示。

上述各部分在计数器的不同测试功能中都是公用的，不同的是测频时用 A 放大整形电路，测周期时用 B 放大整形电路，而测频率比时两个放大整形电路都要用到。为了实现数字式频率计的各项功能测试，根据不同的测量项目，通过选择开关把公用部分连接起来，就构成了最基本的电子计数器。

知识 2   通用电子计数器的基本应用

由于型号不同，电子计数器面板结构和控键使用方法也不尽相同（见图 4-19），但大致分布及功能基本相似。下面以 YZ-2003 型通用电子计数器为例介绍电子计数器面板控键分布、功能及使用方法。

图 4-19   通用电子计数器

1. 通用电子计数器面板结构

其面板结构如图 4-20 所示，一般包括输入通道、功能选择、时间选择、数码显示器、触发电平和极性选择。

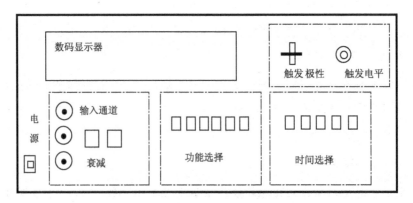

图 4-20   电子计数器面板和主要控键示意图

1）输入通道：一般具有 A、B、C 三个通道，其中 A、B 通道可对输入信号进行

衰减。

2）功能选择：作用是选择不同的测量功能，一般有频率、周期、频率比、时间间隔测量、累加计数及自校功能。

3）时间选择：测量频率时，用于选择闸门时间；测量周期时，用于选择周期倍乘。测量频率时若被测频率 f_x 高，可选择短闸门时间，反之，若 f_x 低则应选长闸门时间。测量周期时，若周期长应选小倍乘率，否则测量时间会很长。

4）数码显示器：用于测量值显示，小数点自动定位。

5）触发电平和极性选择：用于选择触发方式，可根据需要选择触发信号的上升沿或下降沿；“触发电平”旋钮可连续调节触发电平到最佳值，其意义同示波器的触发部分。

一般地，计数器均还设置有复原键，每按一次，产生一次人工复原信号。

2. 技术指标

YZ-2003 型多功能智能频率计是一个 0.001Hz　2400MHz 的多功能智能频率计，功能有：频率测量、累计计数、周期及晶体测量，工作状态记忆等功能，可直接测量数字手机的射频频率、手机 GSM 制射频帧周期，区别手机制式（GSM 或 CDMA），以及晶体固有频率的测量，全部功能由一个单片计算机来完成。

（1）频率测量

1）量程：

第 1 挡：30　2400MHz。

第 2 挡：1　30MHz（具有衰减，“A”抬起×1，“B”按下×20）。

第 3 挡：10Hz　1MHz（具有衰减，“A”抬起×1，“B”按下×20）。

第 8 挡：0.001　100Hz（输入幅度：2.5　5V，TTL 电平）。

2）闸门时间：0.1s、1s、5s、10s 共分四挡。

3）输入灵敏度：35mV　30V。

4）输入阻抗：30　2400MHz 为 50　、其余为 1M　。

5）时基：12MHz，稳定度为 2×10^{-6}/s。

6）精度：基准时间误差×频率＋1 个计数值。

7）分辨率：一个计数值（满量程 8 位数显示时）。

（2）周期测量

第 6 挡（下降沿有效），由“常态/放大”开关进行选择。10Hz　30MHz 输入端输入。输入幅度 2.5　5V，TTL 电平，最高不超过 5V。最小周期为 30　s，最大周期为 4 294 967 295　s，可显示周期数值 99 999 999，分辨率为 1　s。

（3）累计计数

第 4 挡位：10Hz　30MHz 输入端输入，其分辨率为一个计数值。

（4）晶体测量

第 5 挡位：插口 A 测 30kHz　5MHz，插口 B 测 2　24MHz 晶体（实际可测到 50MHz）。

3. 使用方法

(1) 频率的测量

1) 选择合适的信号输入端。

2) 按动"闸门"按键，选好合适的闸门时间，每按动一次"闸门"按键，闸门时间就变化一次，按照 0.1s—1s—5s—10s 循环变化。闸门时间越长，分辨率越高，但测试速度也越慢。

3) 按动"挡位"按键，测频率应选择 1、2、3、8 各挡位中的一个，每挡测量频率范围如下。

第 1 挡：30 2400MHz。

第 2 挡：1 30MHz（具有衰减，"A"抬起，×1；"B"按下，×20）。

第 3 挡：10Hz 1MHz（具有衰减，"A"抬起，×1；"B"按下，×20）。

第 8 挡：0.001 100Hz（输入幅度：2.5 5V，TTL 电平）。

4) 按"确定"键后，即开始测量并显示。

(2) 周期的测量

1) 可测量周期的范围：30 s 1.19h，但最多只能显示 8 位数字。

2) 选用中间一个输入端口，测小信号时（35mV 5V）按"常态/放大"键，"A、B"抬起。测大信号时，"A、B"键和"常态/放大"键同时按入。

3) 如 TTL 电平从最下面的输入端输入，幅度为 2.5 5V 有效，"常态/放大"键和"A、B"均抬起。

4) 按"挡位"键，选第 6 挡，按"确定"键后即开始测量并显示，单位为 s。

(3) 累计计数

1) 选用 10Hz 30MHz 端口作累计计数输入端。

2) 挡位选第 4 挡，按"确定"键后即开始计数。

3) 停止计数须切断信号源。

(4) 手机制式的识别

1) 在 30 2400MHz 输入端口插一根长约 5cm 的导线作接收天线。

2) 选第 6 挡位，按"确定"键，"常态/放大"键抬起。

3) 用手机拨号后如出现 4615 s 或它的整数倍时，则表明该手机是 GSM 制式，反之是 CDMA 制。测量时出现 7 8 s 的误差属正常现象。

(5) 手机发射频率的测量

1) 在 30 2400MHz 输入端口插一根长约 5cm 的导线作接收天线。

2) CDMA 制手机和模拟手机选用第 1 挡，GSM 手机选用第 7 挡，闸门均选用 0.1s，"常态/放大"键抬起。

3) 按"确定"键后，用手机拨号即可测出并显示手机发射频率。

(6) 石英晶体固有振荡频率的测量

1) 选好合适的晶体测量口，本仪器面板提供两个晶体测量口，由面板 A、B 晶体按键来选好。A 口可测 30kHz 4MHz 晶体，B 口可测 2MHz 24MHz 晶体（实际可测到 50MHz 以上的晶体，24MHz 以上晶体用显示值乘以 3 即为实际振荡频率）。

2）按动"闸门"键，选好合适的闸门时间。

3）按动"挡位"键，选第 5 挡，按"确定"键后即开始测量并显示。

其他：用类似方法可测量对讲机、子母电话机的发射频率。

议一议

1）YZ-2003 频率计具有哪些测量功能？其可测频率范围是多少？

2）YZ-2003 频率计面板上的三个输入端口有什么不同？

3）YZ-2003 频率计各项测量功能是通过什么方法实现转换的？

4）测频时，"闸门时间"的长短变化对测量有什么影响？为什么？

评一评

类别	检测项目	评分标准	分值	学生自评	教师评估
任务知识内容	频率计的基本功能	熟悉频率计的基本功能	10		
	频率计的基本组成	掌握其各组成单元及作用	10		
	频率计的测量原理	理解频率计测量频率、周期、时间间隔等原理	20		
任务操作技能	频率计的面板结构、各功能键的使用	理解面板结构，熟练掌握各按键及旋钮功能	20		
	频率计基本操作	熟练掌握频率计各项功能操作方法	30		
	安全规范操作	安全用电、按章操作，遵守实训室管理制度	5		
	现场管理	按 6S 企业管理体系要求、进行现场管理	5		

做一做

实训　掌握电子计数器（频率计）基本操作

一、实训目的

熟悉电子计数器面板结构，掌握各控键功能，练习使用频率计。

二、实训器材

电子计数式频率计（YZ-2003 型）、信号源。

三、实训内容及步骤

1）接通电源预热。

2）将频率计面板与前面所学面板结构进行比较，练习掌握各功能控键的功能和使用方法。

3）根据不同的频率范围，将信号源输出端信号接入频率计输入端，按照前面内容中介绍的使用方法进行频率测量。测量过程中，变换不同的"闸门时间"，观察不同的测量结果。

4）根据不同的频率范围，将信号源输出端信号接入频率计输入端，按照前面内容中介绍的使用方法进行周期测量。

5）累计计数。将信号源输出端信号接入频率计输入端，按照前面内容中介绍的使用方法进行累计计数测量。

四、注意事项

1）每次测试前应先对仪器进行自校检查，当显示正常时再进行测试。

2）被测信号的大小必须在电子计数器允许的范围内，否则，输入信号太小会测不出被测量，太大有可能损坏仪器。

3）测量脉冲波、三角波、锯齿波时，选择DC耦合方式，将触发电平调节旋钮拉出。

4）为了提高测量准确度，当被测频率较低时，应尽量选长的闸门时间或采用测周法。

5）当被测信号的信噪比较大时，应降低输入通道的增益或加低通滤波器。

6）为保证仪器内晶体稳定，应避免温度有大的波动和机械振动，避免强的工业电磁干扰，接地应良好。

五、实训报告

记录测量结果，总结各项功能测量，并得出结论。

任务四　用通用电子计数器测量误差

任务目标

- 了解电子计数器测量误差的来源和分类。
- 理解频率测量误差分析。
- 理解周期测量误差分析。
- 理解各种测量误差对测量结果的影响，掌握用通用电子计数器测频和测周时减小误差的方法。

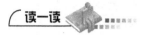任务教学模式

教学步骤	时间安排	教学方式
阅读教材	课余	自学、查资料、相互讨论
知识讲解	2学时	重点讲授频率和周期测量误差，注意对比、对照分析
操作技能	2学时	通过实训，完成计数器应用技能训练，要分析测频和测周时误差影响及采取的相应措施，要求学生能熟练正确应用计数器

读一读

知识1　电子计数器测量误差的来源

根据误差的来源不同，电子计数器的测量误差主要有三项：量化误差、标准频率误差和触发误差。

1. 量化误差

量化误差又称计数误差，产生的原因是由于主门的开启和计数脉冲的到来在时间上是随机的。因此，在相同的闸门开启时间内，计数器对同样的脉冲串进行计数时，计数结果不一定相同，因而产生了误差。当闸门开启时间 T 接近甚至等于被测信号周期 T_x 的整数倍时，误差最大，如图4-21所示。

假设闸门的开启时刻为 t_1，第一个脉冲出现在 t_2，　$t= t_2-t_1$，$T> t>0$，先看图4-21（a）中，这时计数器计得八个数。再看图4-21（b）中，当　$t\to0$ 时，可能会出现两种不同的结果，如果第一个计数脉冲和第九个计数脉冲都能通过闸门，则可计得九（8＋1＝9）个数，如果两个计数脉冲都未能进入闸门，则只能计得七（8－1＝7）个数。可见，对于正常计数值 $N=8$ 来说，最大的计数误差为　$N=\pm1$ 个数。

这种误差是利用计数原理进行测量的仪器所固有的，不可避免。其特点是不论计数值 N

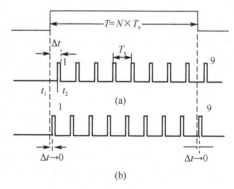

图4-21　最大量化误差示意

多大，其绝对误差都是 ±1，因此量化误差又称为 ±1 误差，其相对误差为

$$\frac{N}{N} = \frac{\pm1}{N} = \pm\frac{1}{Tf_x}$$

式中　T——闸门时间；

　　　f_x——被测频率；

上式表明，增大闸门时间 T，可减小 ±1 误差值。上式还表明，当 T 选定后，f_x 越

低，则由±1误差产生的测频误差越大。

2. 标准频率误差

电子计数器在测量频率和时间时都是晶体振荡器产生的各种标准时间为时间信号基准的。显然，如果标准时间信号不准或不稳定，则会产生测量误差，此误差称为标准频率误差。

3. 触发误差

计数器测频时，被测信号首先通过触发器转变成方波，然后在闸门开门期间计数。计数器中一般都采用斯密特电路作为触发器。若无噪声干扰，转换后的方波周期等于输入正弦信号周期 T_x，如图 4-22 所示。V_B 与 V_B' 之差称为"触发窗"或"滞后带"。

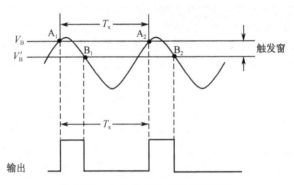

图 4-22　无噪声干扰时的波形转换

当受噪声干扰时，尤其是叠加在信号上的噪声幅值很大时，斯密特电路的工作情况会发生变化，这时每个信号周期与触发窗相交的次数大于两次，这样就产生了额外触发，从而造成计数器额外计数，如图 4-23 所示。这种误差称为"触发误差"，又称"转换误差"。

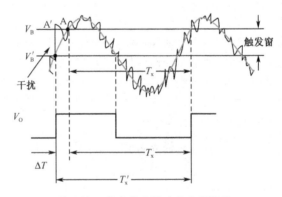

图 4-23　有噪声干扰时的波形转换

为了消除噪声干扰引起的计数误差，可将信号通道的增益调小，以减小噪声幅度，从而避免发生额外触发。

知识 2 测量误差的处理方法

1. 测频时误差的处理方法

由式 $\dfrac{N}{N}=\dfrac{\pm 1}{N}=\pm\dfrac{1}{Tf_x}$ 可知，当 T 选定后，f_x 越低，则由 ± 1 误差产生的测频误差越大，因此直接测频不适用于低频率的信号；对于一定频率的信号，为了减小量化误差的影响，可采用增大闸门时间 T 的方法（增大闸门时间将降低测量速度）。

由 $f=\dfrac{N}{T}$ 可知，电子计数器直接测频时的误差主要有三项，即量化误差、标准频率误差和触发误差。测频时误差的处理方法如下。

1）减小量化误差：选择大的闸门时间。
2）减小闸门开启时间误差：提高晶振的频率稳定度和准确度。
3）当被测信号频率较低时，选用其他的测量方法（如先测周再计算频率）。

2. 测周时误差的处理方法

由 $T_x=NT_0$ 可知，计数器直接测周的误差主要有三项，即量化误差、转换误差及标准频率源误差。

测周时误差的处理方法如下。

1）减小量化误差：增大时标信号的频率，高频信号先测频再计算周期。
2）减小时标信号相对误差：提高晶振的频率稳定度和准确度。
3）减小触发误差：提高被测信号的信噪比，采用"多周期测量"。

什么是"多周期测量"

所谓"多周期测量"，即用计数器测多个 T_x，如 $10T_x$，然后将计得的数除以 10 而得到一个周期 T_x 的值。

这种利用测量减小转换误差的原理是：多周期测量时，如测 $10T_x$，由于两个相邻周期波形首尾相接，使得因转换误差所产生的误差相互抵消，如图 4-24 所示，比如第一个周期终了时由于干扰使 T_{x1} 减小了 T_2，则第二个周期却因为干扰而使 T_{x2} 增加 T_2，这样，前后抵消，最后只有第一个周期开始产生的和第十个周期终了产生的转换误差无法消除，对测量结果产生影响，而这个误差与测一个周期时产生的误差一样，再经除以 10，结果自然减小了 10 倍。

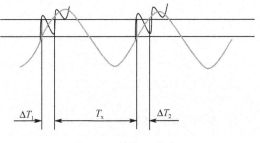

图 4-24 转换误差图示

在计数器电路中，我们通过改变"周期倍乘"步位的同时，相应地向左移动一位小数点的方法，来完成一次除以 10 运算。这样，计数器就可直接显示 T_x 的值。

议一议

1）量化误差为什么又称"计数误差"，谈谈你对此的理解。

2）测频和测周对"量化误差"的处理方法有什么不同？其实质是一样的吗？

评一评

类别	检测项目	评分标准	分值	学生自评	教师评估
任务知识内容	频率计的误差分类	理解频率计的误差来源和分类	10		
	频率计的测频误差	掌握频率计测频时误差的处理方法	20		
	频率计的测周误差	掌握频率计测周时误差的处理方法	20		
任务操作技能	频率计的误差来源	采用不同的测量方法，比较误差大小	10		
	频率计测频和测周时减小误差的方法措施	熟练掌握频率计测频和测周时误差的处理方法	30		
	安全规范操作	安全用电、按章操作，遵守实训室管理制度	5		
	现场管理	按 6S 企业管理体系要求、进行现场管理	5		

做一做

实训　电子计数器应用技能训练

一、实训目的

掌握电子计数器（频率计）的基本应用，学会正确使用电子计数器进行实际测量，进一步学习示波器和函数信号发生器的使用方法。

二、实训器材

电子计数器（频率计）、双踪示波器、函数信号发生器、数字实验箱。

三、实训内容及步骤

1. 电子计数器的自校

具体方法为：选择"自校"功能，改变电子计数器的闸门时间，记录电子计数器的显示值，填写表 4-1。

表 4-1 电子计数器的自校功能测试表

序 号	闸门时间/s	计数器的显示值
1	0.1	
2	1	
3	5	
4	10	

2. 测量信号发生器输出信号频率

信号发生器输出正弦信号幅度均选择为 100mV，频率输出分别为 100Hz、1kHz、10kHz、100kHz、1MHz，选择频率计合适的信号输入端、合适的挡位及合适的闸门时间，记录频率计的测量结果，填写表 4-2。

表 4-2 信号发生器输出信号频率测试表

信号发生器输出频率/Hz	100	1k	10k	100k	1M
频率计测量频率/Hz					
测量相对误差 $\frac{f}{f}$(%)					

3. 测量信号发生器输出信号周期

信号发生器输出正弦信号幅度均选择为 1V，频率输出分别为 100Hz、1kHz、10kHz、100kHz、1MHz，选择频率计合适的信号输入端、合适的挡位及合适的闸门时间，记录频率计的测量结果，填写表 4-3。

表 4-3 信号发生器输出信号周期测试表

信号发生器输出频率/Hz	100	1k	10k	100k	1M
信号发生器输出周期（换算值）/s					
频率计测量周期/s					
测量相对误差 T/T(%)					

4. 累计计数

1) 直接由信号发生器输出 1kHz，500mV 正弦信号，选择合适的挡位进行累计计数。记录结果。停止时需关掉信号源。

2) 对数字实验箱的 CP 脉冲个数累计计数，手动。记录结果。

5. 测量手机发射频率

按照本任务实训中介绍的方法连接天线，根据手机制式选择不同的挡位和闸门时间，记录结果。

四、数据分析和思考

1) 结合实训内容2和实训内容3，计算测量相对误差 f/f（%）和 T/T（%）误差值，并填入表格。比较同一频率的信号在测频和测周时的误差大小，并说明原因。

2) 闸门时间的长短对测量结果有什么影响？为什么？

五、实训报告

认真填写数据，总结结论，回答思考题。

项 目 小 结

- 本项目介绍了频率和时间的基本概念及频率的几种常用测量方法、电子计数器的测量原理和基本组成以及测量误差知识。
- 频率的测量方法常用的有谐振法、电桥法、示波器法和计数法等。
- 通用电子计数器具有测量信号频率、周期、频率比、时间间隔、累加计数及自校功能。电子计数器测频的基本原理是根据频率的定义 $f=\dfrac{N}{T}$，即用电子计数法测出时间 T 内脉冲的个数 N，从而得到被测频率的大小。电子计数器测量周期基本原理与测频类似，不同之处是闸门时间由被测信号产生，计数脉冲由晶振信号经分频/倍频产生。
- 电子计数式频率计一般包括主门、输入通道、计数显示单元、逻辑控制单元、时基单元等几个组成部分。它的测量原理是闸门开启时间等于计数脉冲周期与计数脉冲计数值之积。
- 电子计数器的测量误差主要有三项：量化误差、标准频率误差和触发误差。测频和测周时可采用不同的方法减小误差的影响。

思考与练习

1. 常用的测频方法有哪些？各有何特点？
2. 画出通用电子计数器测量频率和周期的原理框图，简述其基本原理，并说明二者之间的异同。
3. 简述通用电子计数器的基本组成，各组成单元的作用是什么？
4. 通用电子计数器测频和测周时存在哪些主要误差？如何减小这些误差的影响？
5. 用计数器测频率，已知闸门时间和读数值 N 如下表所示，求各情况下的 f_x（单位：kHz)，填入下表中。

闸门时间和读数值数据表

T/s	10	1	0.1	0.01	0.001
N	1000000	100000	10000	1000	100
f_x/kHz					

项目五

电压测量技术

电压、电流和功率是表征电信号的三个基本参量。在实际测量中，测量的主要参量是电压。信号波形的参数如调幅度、非线性失真系数等都是以电压形式描述的。电子设备的许多工作特性如放大器的增益、幅频特性等也都是以测量电压为依据的。同时，电压测量还是许多非电量测量的基础。可见，电压测量是电子测量的重要任务之一。

在科学实验、生产及仪器设备的检修和调试中，对电压测量仪器及仪表有较高的要求，因为需要测量的电压信号的频率范围从直流或几十赫兹（如 50Hz 的电网电压）至几百兆赫兹，甚至达吉赫兹量级，待测电压的变化范围从十分之几微伏、几毫伏到几十千伏甚至更大，波形除了正弦波外，还包括方波、锯齿波、三角波和调制波等。同时，由于工业现场测试中存在较大的干扰，电压测量仪器需要具备较强的抗干扰能力等等，这也是电压测量的特点。

根据测量结果的显示方式和测量原理的不同，通常将电压测量仪器分为模拟式和数字式两大类。本项目将学习电压的测量技术及电压测量仪器、仪表的基本应用。

知识目标

- 掌握直流电压的测量方法和测量原理。
- 掌握交流电压的测量方法和测量原理。
- 掌握电压的数字化测量方法和测量原理。

技能目标

- 熟练掌握交流毫伏表面板结构，操作规程及应用。
- 熟练掌握数字万用表面板结构、操作规程及应用。

任务一　直流电压的测量

任务目标

- 掌握直流电压的示波器测量方法。
- 熟练掌握直流电压的万用表测量方法。

任务教学模式

教学步骤	时间安排	教学方式
阅读教材	课余	复习、查资料、相互讨论
知识讲解	1学时	回顾、复习直流电压的示波器测量方法和万用表测量方法，多提问，主要由学生陈述，教师补充
操作技能		结合专业基础课程中做过的实验内容，回顾并采用多媒体课件课堂演示的方法进行，并融入知识讲解中

如图5-1所示，这是一个直流电压信号波形，选择什么样的测量方法及合适的测量仪器（仪表），对这个电压信号的值进行测量呢？

通常，用来测量直流电压的方法有示波器测量法和万用表测量法。示波器测量直流电压的原理和具体测量方法可参看项目"示波测试技术"，但由于其测量精度较低，误差较大，读数需要转换等原因，一般用作波形的监视和定性测量中。

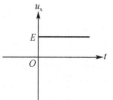

图 5-1　直流电压波形

大家较熟悉万用表是用来测量直流电压的常用工具。根据测量结果的显示方式和测量原理的不同，万用表分为模拟式和数字式两大类（见图5-2）。用模拟式万用表的直流挡测量直流电压的原理和方法在其他专业基础课程中都已学习过，本教材项目一中也进行了直流电压测量的实训，这里不再赘述。

(a)模拟式　　　(b)数字式

图 5-2　模拟式和数字式万用表

议一议

1）直流电压的测量较常用的方法是什么？

2) 电压表接入电路时应当串联还是并联？为什么电压表的内阻越大，测量误差越小？

评一评

类别	检测项目	评分标准	分值	学生自评	教师评估
任务知识内容	直流电压的测量	理解直流电压的示波器测量和万用表测量原理	40		
任务操作技能	直流电压的测量	掌握直流电压的示波器测量和万用表测量技术和方法，并进行对比	50		
	安全规范操作	安全用电、按章操作，遵守实训室管理制度	5		
	现场管理	按 6S 企业管理体系要求，进行现场管理	5		

任务二　交流电压的测量

任务目标

- 掌握电子电压表的分类。
- 理解模拟式交流电压表的三种电路结构。
- 掌握检波原理不同构成的三种电压表的基本原理和刻度特性。
- 掌握毫伏表面板结构、操作规程及应用。

任务教学模式

教学步骤	时间安排	教学方式
阅读教材	课余	自学、查资料、相互讨论
知识讲解	4 学时	本任务是本项目重点，重点讲授模拟式交流电压表的三种电路结构，由检波原理不同构成的三种电压表的基本原理、刻度特性及读数意义；难点在于刻度特性及三种电压表读数与数值（峰值、有效值和平均值）之间的转换关系
操作技能	4 学时	采用多媒体课件课堂演示（如仪器面板功能介绍）及实物（仪器）展示相结合，教师演示实验和学生进行实训相结合，完成电子电压表应用技能训练

如图5-3所示，这是一个正弦交流电压信号波形，选择什么样的测量方法及合适的测量仪器（仪表），对这个电压信号的值进行测量呢？

交流电压的测量也可采用示波器测量法和万用表测量法。示波器测量交流电压的原理和具体测量方法可参看项目"示波器测试技术"，同样，由于其测量精度较低，误差较大，读数需要转换等原因，一般用在波形的监视和定性测量中。

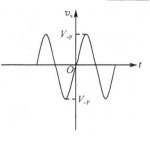

图 5-3 正弦交流电压波形

万用表是一台多用、多量程的电工仪表，但其结构决定了它的交流电压测量挡，无论是频率范围，还是测量精度都远远不能满足交流电压测量的需要。因此，上述的测量任务应该选择交流电压表。交流电压表即电子电压表，它能完成对各种波形、各种频率的交流电压的测量。

知识1 电子电压表的分类

电压表按其工作原理和读数方式分为模拟式电压表和数字式电压表两大类。

模拟式电压表又称指针式电压表，一般都采用磁电式直流电流表头作为被测电压的指示器。测量直流电压时，可直接或经放大或衰减后变成一定量的直流电流驱动直流表头的指针偏转指示所测电压的数值。测量交流电压时，必须经过交流—直流变换器（即检波器），将被测交流电压先转换成与之成比例的直流电压后，再进行直流电压的测量。

模拟式电压表按不同的分类方式有如下几种类型。

1）按工作频率分类可分为超低频（1kHz以下）、低频（1kHz～1MHz）、中频（1～30MHz）、高频（或射频，30～300MHz）、超高频（大于300MHz）电压表。

2）按测量电压量级分类可分为电压表（基本量程为V量级）和毫伏表（基本量程为mV量级）。

3）按电路组成形式分类可分为放大—检波式电压表、检波—放大式电压表、外差式电压表。

4）按检波方式分类可分为均值电压表、有效值电压表和峰值电压表。

知识2 模拟式交流电压表的三种电路结构

模拟式电压表电路简单，造价低廉，在电压测量中目前仍占有重要地位。

模拟式电压表用磁电式电流表作指示器，在电流表盘上以电压单位V（或分贝值）刻度，用指针指示电压值。

直流电压表是交流电压表构成的基础。交流电压表用来测量交流电压，测量时应先将交流变直流，再按照测量直流电压的方法进行测量，其核心为交直流转换器AC/DC。交直流转换器大多利用检波器来实现。检波器决定电压表的频率范围、输入阻抗和分辨力。模拟式交流电压表有以下三种电路结构：检波—放大式、放大—检波式和外差式。

（1）放大—检波式

先放大再检波，特点是：灵敏度高，测量的最小幅值为几百微伏或几毫伏；输入阻抗高，通频带窄，一般为 2Hz～10MHz。低频毫伏表采用此结构，如图 5-4 所示。

图 5-4　放大—检波式电子电压表结构框图

（2）检波—放大式

先检波再放大，如图 5-5 所示。其中检波器决定了电压表的频率范围、输入阻抗和分辨力。特点是：通频带很宽，灵敏度较低。为了提高检波—放大式电压表的灵敏度，目前，普遍采用了斩波式直流放大器。它是利用斩波器把直流电压变换成交流电压，并用交流放大器放大，最后再把放大的交流电压恢复成直流电压，即完成直—交—直变换。用这种放大器做成的检波—放大式电压表，其灵敏度可高达几十微伏，常称为超高频毫伏表。

图 5-5　检波—放大式电子电压表结构框图

（3）外差式

其组成为：外差式接收机＋宽频电平表。其特点是：灵敏度高，通频带宽，如图 5-6所示。

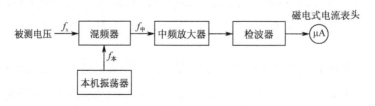

图 5-6　外差式电子电压表结构框图

随着电子测量仪器的发展，电子电压表正朝着宽频段、高灵敏度、高精度、数字化和智能化方向发展。

知识3　由检波原理不同所构成的三种电压表

交流电压表对交流电压的测量首先要经过 AC/DC 变换器（即检波器），将交流电压变换为直流电流，然后驱动直流电流表偏转。根据被测交流电压与直流电流的关系，在表盘上直接以电压为单位刻度。检波器按其响应特性分为均值检波器、峰值检波器和有效值检波器三种，相应构成了均值电压表、峰值电压表和有效值电压表。应用比较普遍的是均值电压表。

交流电压的有效值、平均值和峰值间有一定的关系，可分别用波峰因数（或称波峰系数）及波形因数（或称波形系数）表示。

波峰因数定义：峰值与有效值的比值，用 K_P 表示，$K_P = \dfrac{\text{峰值}}{\text{有效值}} = \dfrac{V_P}{V}$

波形因数定义：有效值与平均值的比值，用 K_F 表示，$K_F = \dfrac{\text{有效值}}{\text{平均值}} = \dfrac{V}{\overline{V}}$

利用这两个参数，可以实现电压有效值、均值及峰值间的转换。信号电压波形不同，波峰因数和波形因数也不同，几种常见波形的波峰因数和波形因数参数如表 5-1 所示。

表 5-1　几种波形的波形因数 K_F 与波峰因数 K_P

波形名称	有效值 V	平均值 $\overline{V}$	波形因数 $K_F = \dfrac{V}{\overline{V}}$	波峰因数 $K_P = \dfrac{V_P}{V}$
正弦波	$\dfrac{V_P}{\sqrt{2}} \approx 0.707\,V$	$\dfrac{2V_P}{\sqrt{\pi}} \approx 0.707\,V_P$	1.11	$\sqrt{2} \approx 1.414$
半波整流	$\dfrac{V_P}{2} = 0.5V_P$	$\dfrac{V_P}{\pi} \approx 0.318V_P$	1.57	2
全波整流	$\dfrac{V_P}{\sqrt{2}} \approx 0.707\,V$	$\dfrac{2V_P}{\pi} \approx 0.637\,V_P$	1.11	$\sqrt{2} \approx 1.414$
三角波	$\dfrac{V_P}{\sqrt{3}} \approx 0.577V_P$	$\dfrac{V_P}{2}$	1.15	$\sqrt{3} \approx 1.732$
锯齿波	$\dfrac{V_P}{\sqrt{3}} \approx 0.577V_P$	$\dfrac{V_P}{\sqrt{2}} \approx 0.707V$	1.15	$\sqrt{3} \approx 1.732$
方波	V_P	V_P	1	1

1. 均值电压表

(1) 基本原理

均值响应指驱动表头偏转的直流电流，即检波后的电流响应于待测电压的均值。一般电路构成为：$v(t) \to$ 放大 $\to$ 均值检波 $\to$ 驱动表头。均值电压表中的均值检波采用二极管全波或桥式整流电路，如图 5-7 所示，其原理是：整流电路输出直流电流 I_0，其平均值与被测输入电压 $v(t)$ 的平均值成正比（与 $v(t)$ 的波形无关）。

一般所谓"宽频毫伏表"大都属于这种类型。其频率范围主要受宽带放大器带宽的限制，典型的频率范围为20Hz～10MHz，灵敏度受放大器内部噪声的限制，一般可做到毫伏级，故又称"中频毫伏表"。

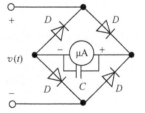

图 5-7　均值检波电路

(2) 刻度特性

均值电压表表头刻度按纯正弦波电压有效值刻度，即当输入 $v(t)$ 为正弦波时，读数 α 即为 $v(t)$ 的有效值 V（而不是该纯正弦波电压的均值）。对于非正弦电压的任意波形，读数 α 没有直接意义（既不等于其均值也不等于其有效值 V），但读数 α 的 0.9 倍为待测电压的均值，即 $\overline{V} = 0.9\alpha$。

均值电压表三种表征值之间的换算关系如下。

对正弦电压来说：

$$K_{F\sim} = \frac{V_\sim}{\overline{V}} = \frac{\pi}{2\sqrt{2}} \approx 1.11$$

对具有正弦电压有效值刻度的均值电压表来说，其读数为

$$\alpha = V_\sim = K_{F\sim}\overline{V} = 1.11\overline{V}$$

式中　　α—— 电压表读数；

　　　　$V_\sim$ —— 电压表所刻的正弦电压有效值；

　　　　$\overline{V}$—— 被测电压的平均值。

由上式可推出 $\overline{V} = \frac{1}{1.11}\alpha = 0.9\alpha$。

均值电压表表头按正弦电压有效值刻度，这说明只有测量正弦电压，从电流表上读得的读数（有效值）才是正确的。由于不同电压波形其 K_F 不同，故当测量非正弦电压时，其读数 α 没有直接的物理意义，读数 α 乘以 0.9 为被测电压的平均值。

如用均值电压表测量一个方波电压，读得测量值为 2V，则 2×0.9＝1.8V 为其平均值，由表 5-1 查得方波的波形因数 $K_F = 1$，所以该方波的有效值为 $V_x = K_F = 1.8 \times 1 = 1.8V$。

2. 峰值电压表

（1）基本原理

峰值指交流电压在一个周期内（或一段时间内）电压达到的最大值。通常所见的最大值、振幅值一般均指峰值。

峰值响应检波指即检波后的电流响应于待测电压的峰值，其一般电路构成为：$v(t)$ →峰值检波→放大→驱动表头。其检波电路由二极管峰值检波电路完成，有二极管串联和并联两种形式。图 5-8 所示是串联型峰值检波器的原理电路及其检波波形，电路中的元件参数满足下列关系式

$$R_dC \ll T \ll RC$$

式中　　T—— 输入电压信号的周期；

　　　　R_d—— 二极管的正向电阻值；

　　　　C—— 检波电路电容值。

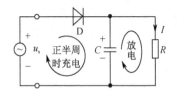 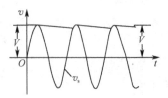

图 5-8　串联型峰值检波器的原理电路及其检波波形

这类电压表的特点是被测电压信号的频率范围广、灵敏度不高。高频毫伏表多是此种类型。

（2）刻度特性

峰值电压表表头刻度按纯正弦波电压有效值刻度。即当输入电压 $v(t)$ 为正弦波时，读数 α 即为 $v(t)$ 的有效值 V（而不是该纯正弦波的峰值 V_P）。对于非正弦波电压的任意波形，读数 α 没有直接意义（既不等于其峰值 V_P，也不等于其有效值 V），但读数 α 的 $\sqrt{2}$ 倍为待测电压的峰值，即

$$V_P = \sqrt{2}\alpha$$

峰值电压表三种表征值之间的换算关系如下：

从上面的分析可知，峰值电压表的表头偏转正比于被测电压（任意波形）的峰值。但一般峰值电压表的表头是按正弦电压有效值来刻度的，即

$$\alpha = V_\sim = \frac{V_P}{K_{P\sim}}$$

式中　　α—— 电压表读数；

$V_\sim$ —— 电压表所刻的正弦电压有效值；

$K_{P\sim}$ —— 正弦波的波峰因数。

当用峰值电压表测量任意波形的电压时，其读数没有直接的意义，读数乘以 $K_{P\sim} = \sqrt{2}$，即等于被测电压的峰值。

例如，用具有正弦电压有效值刻度的峰值电压表测量一个三角波电压，读数为 9V，则该三角波电压的峰值为 $V_P = \sqrt{2} \times 9 \approx 12.7V$，从表 5-1 中查得三角波电压的波峰因数 $K_P = \sqrt{3}$，所以被测三角波有效值为 $V_x = \frac{V_P}{K_P} = 22.0V$。可见，如果误将读数当作被测三角波电压的有效值，将导致较大的波形误差。

峰值电压表的一个缺点是对被测信号波形的谐波失真所引起的波形误差非常敏感。这种失真的正弦波极难确知其波峰因数 K_P，所以对读数无法进行换算。

3. 有效值电压表

（1）基本原理

交流电压的有效值 V 的定义：在一个周期内，通过某纯电阻负载所产生的热量与一个直流电压在同一个负载产生的热量相等时，该直流电压的数值就是交流电压的有效值。在数学定义上，有效值等于均方根值，即

$$V = \sqrt{\frac{1}{T} \int_0^T v^2(t)\,\mathrm{d}t}$$

有效值电压表中的检波器直接反映被测电压有效值的变换。现今有效值电压表中主要采用热电变换和模拟计算电路来实现有效值电压的测量。

热电变换是利用热电偶电路实现有效值变换。这种方法简单，但响应速度慢、环境对测量精确度的影响大，而且实际制作相当困难，造价高。因而，利用模拟集成运算器组成电子式有效值变换器得到广泛应用。利用模拟集成电路的加、减、乘和积分运算，可完成下列运算：

$$V_x = \sqrt{\frac{1}{T}\int_0^T v^2(t)\,\mathrm{d}t}$$

这种计算型 AC/DC 转换器的组成框图如图 5-9 所示。

图 5-9　计算型 AC/DC 转换器

第一级为接成平方电路的模拟乘法器，即实现 $V_x^2(t)$，第二级为积分器，第三级将积分器的输出开方，最后输出正比于 V_x。

(2) 刻度特性

有效值电压表表头刻度按纯正弦波电压有效值刻度。无论是测量正弦波电压还是非正弦波电压，表头读数均为待测波形的有效值，即 $V_x = \alpha$，因此也称真有效值电压表。

实际中利用有效值电压表测量非正弦波时，有可能产生波形误差，一个原因是受电压表线性工作范围的限制，当测量波峰因数大的非正弦波时，有可能削波，从而使这一部分波形得不到响应；二是受电压表带宽限制，使高次谐波受到损失。这两个限制都将使其读数偏低。

4. 三种电压表的比较

1) 峰值检波器：输入阻抗高，波形误差大。

2) 均值检波器：输入阻抗低，波形误差不大。

3) 有效值检波器：输入阻抗高，无波形误差；受环境温度影响较大，结构复杂，价格较贵。

知识 4　交流毫伏表面板结构及操作规程

1. 面板结构

实验室常用交流毫伏表如图 5-10 所示。毫伏表的面板结构大致相同，一般均包括显示窗口、量程旋钮、输入端口、机械校零旋钮和电气校零旋钮几部分，下面以 DA-16 型晶体管毫伏表（见图 5-11）为例，介绍其面板结构、控键功能。

1) 机械零位调整：未接通电源，调整电压表的机械零点（一般不需要经常调整）。

2) 调零电位器：接通电源，将输入线（红、黑表笔）短接，待电压表指针摆动数次至稳定后，调整调零旋钮，使指针置于零位。需要逐挡调零。

3) 量程开关：共分 1mV，3mV，10mV，30mV，100mV，300mV，1V，3V，10V，30V，300V 共 11 个挡级。量程开关所指示的电压挡值为该量程最大的测量电压。为减少测量误差，应将量程开关放在合适的量程，以使指针偏转的角度尽量大。如果测量前，无法确定被测电压的大小，量程开关应由高量程挡逐渐过渡到低量程挡，以免损坏仪器。

图 5-10 常见交流毫伏表

4）数值读取：一般指针式表盘毫伏表有三行刻度线，其中第一行和第二行刻度线指示被测电压的值（正弦电压的有效值）。当量程开关置于"1"打头的量程位置时（如 1mV，10mV，0.1V，1V，10V），应该读取第一行刻度线，当量程开关置于"3"打头的量程位置时（如 3mV，30mV，0.3V，3V，30V，300V）应读取第二行刻度线。

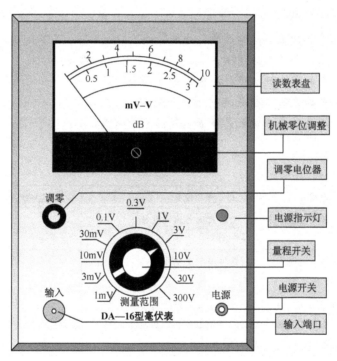

图 5-11 DA-16 型晶体管毫伏表面板示意图

2. 交流毫伏表操作规程

1）交流毫伏表应平稳放置。通电前应调整表头的机械零点旋钮螺钉，使表针指示在零位。

2）根据被测信号值的大小选择电压量程，若不知被测电压大小，可先选择最大量程，逐步减小到合适的量程。选择量程尽量使表针指示在满量程 2/3 以上。

3）接通电源，待表针稳定后，将输入线短路，调整电气调零旋钮，使表针指在零位，即可进行测量。

4）测量时先将输入线的地线（屏蔽线）与被测电路公共点相连，然后将输入线的信号端接至被测点上。测量完毕，先将信号端撤下，再断开地线。

5）用此表当作电平表用时，测量的电平数值为表针所指的分贝值与选择量程开关所指的电平分贝值的代数和。

注意：

1）机械零点不需经常调整。

2）选择量程尽量使表针指示在满量程 2/3 以上。

议一议

1）谈谈你对交流电压测量技术的理解。

2）由电路结构不同构成的电压表如何分类？由检波原理不同又可分为哪几种电压表？

3）毫伏表属于哪种类型的电压表？

4）什么是"正弦电压有效值刻度"，在实际中有什么意义？

5）均值电压表的表头读数是待测电压的均值吗？为什么？

6）峰值电压表的表头读数是待测电压的峰值吗？为什么？

7）有效值电压表的表头读数是待测电压的有效值吗？为什么？

评一评

类别	检测项目	评分标准	分值	学生自评	教师评估
任务知识内容	交流电压测量技术和方法	理解交流电压测量技术和方法	10		
	模拟式交流电压表的三种电路结构	掌握模拟式交流电压表的三种电路结构	20		
	检波原理不同构成的三种电压表的基本原理和刻度特性	理解检波原理不同构成的三种电压表的基本原理和刻度特性	30		
任务操作技能	毫伏表面板结构、操作规程及应用	掌握毫伏表面板结构、操作规程及应用	30		
	安全规范操作	安全用电、按章操作，遵守实训室管理制度	5		
	现场管理	按 6S 企业管理体系要求，进行现场管理	5		

实训　毫伏表应用技能训练

一、实训目的

1）练习掌握毫伏表测量交流电压的操作方法。

2）比较万用表与毫伏表的不同。

3）对毫伏表的检波特性进行测试。

二、实训仪器及器材

双踪示波器、低频信号发生器、毫伏表（DA-16型）、万用表。

三、实训内容和步骤

1）信号发生器分别输出幅度1V，频率不同的正弦波信号，分别用毫伏表、万用表及示波器测量，填写表5-2。

表5-2　不同频率正弦波信号各仪器仪表测量值

测量频率	$f=100Hz$	$f=1kHz$	$f=10kHz$	$f=100kHz$	$f=1MHz$	$f=3MHz$
信号发生器输出/V						
示波器读数 V_{P-P}/V						
毫伏表读数/V						
万用表读数/V						

2）信号发生器分别输出幅度1V，频率1kHz的正弦波、三角波和方波信号，分别用毫伏表和示波器测量，填写表5-3。

表5-3　不同波形信号各仪器仪表测量值

波　形		正弦波	三角波	方　波
信号发生器输出/V				
示波器读数 V_{P-P}	理论值/V			
	实际值/V			
	测量相对误差/%			
毫伏表读数	理论值/V			
	实际值/V			
	测量相对误差/%			

四、实训数据分析及讨论

1) 实训前列式计算出表5-3中的理论值，填入表内。

2) 整理实训数据，计算误差并填入表格。

3) 观察表5-2中毫伏表和万用表的测量数值，计算测量相对误差大小，分析误差产生的原因，得出结论。

4) 观察表5-3中的理论值和实际值，根据测量相对误差大小，分析误差产生原因，得出结论。

五、实训报告

认真填写、计算和分析实训数据，得出实训结论，并回答以下思考题：

1) 信号发生器的输出显示是该信号电压的什么值（有效值、平均值、峰值或峰—峰值）？

2) DA-16型毫伏表内部的检波器是什么类型的（有效值检波、平均值检波或峰值检波）？

3) DA-16型毫伏表测量正弦波和非正弦波时如何读数？

4) 万用表测得的数值在什么范围内较准确？为什么？

5) 总结万用表和毫伏表在应用上的不同。

任务三　电压的数字化测量

 任务目标

- 了解电压的数字化测量原理。
- 掌握数字电压表的组成和特点。
- 理解数字电压表的主要工作特性。
- 掌握数字多用表的特点及组成原理。
- 掌握数字多用表的应用。

 任务教学模式

教学步骤	时间安排	教　学　方　式
阅读教材	课余	自学、查资料、相互讨论
知识讲解	3学时	重点讲授电压的数字化测量原理，数字电压表的组成和特点，数字电压表的主要工作特性，数字万用表的特点及组成原理
操作技能	2学时	采取多媒体课件课堂演示（如仪器面板功能介绍）及实物相结合，教师演示实验和学生亲自动手进行实训相结合，完成数字万用表应用训练

由于模拟式电压表的表头误差和读数误差的限制，电压的模拟化测量灵敏度和精度都不高。因此，电压的数字化测量必不可少。

知识1 电压的数字化测量原理

电压的数字化测量关键在于如何把随时间连续变化的模拟量转换成数字量，完成这种变换的电路称为模/数转换器（A/D 转换器）。

一般来说，A/D 转换方法可以分为两大类：积分式和非积分式。

1. 积分式 A/D 转换

时间和频率是两个比较容易数字化的量，利用计数器，时间和频率的数字化测量非常容易实现。积分式 A/D 转换器是先用积分器将输入模拟电压变换成时间或频率，再将其变换为数字量。根据变换的中间量不同，它又分为 $V\text{-}T$（电压-时间）式和 $V\text{-}F$（电压-频率）式两种。

$V\text{-}T$ 变换式是利用积分器产生与模拟电压 V 成正比的时间 T，并以 T 作为开门时间，对标准的时钟脉冲进行计数，从而完成 A/D 转换。这种变换形式包括双斜式、多斜式等。

$V\text{-}F$ 变换式是利用积分器产生与模拟电压 V 成正比的脉冲频率 F，并在给定的时间内对此脉冲个数进行计数，从而实现 A/D 转换。这种变换形式包括电压反馈式、电荷平衡式等。

2. 非积分式 A/D 转换

非积分式 A/D 转换常分为比较式（电位差式）和斜坡电压式两类。

比较式 A/D 转换器是用被测模拟电压与基准电压进行比较，从而将模拟电压直接变换成数字量。根据工作原理的不同，比较式又可分为逐次逼近式、零平衡式等。

斜坡电压式又分为线性斜坡式和阶梯斜坡式两种。

在高精度数字电压表中，常采用由积分式和比较式结合起来的复合式 A/D 转换器。

知识2 数字电压表组成和特点

1. 数字电压表的组成

数字电压表（简称 DVM）是利用转换原理，将待测的模拟量转换成数字量，并将测量结果以数字形式显示出来的一种电压表。DVM 的核心部件是 A/D 转换器，由各种不同的 A/D 转换原理构成了各种不同类型的数字电压表。

数字电压表的组成框图包括模拟和数字两部分，如图 5-12 所示。其中：模拟部分完成 A/D 转换，将待测模拟量转换为数字量；数字部分完成对数字量的测量和测量结果的显示。其各部件的功能如下。

1）输入电路：对输入电压进行衰减/放大及阻抗变换等。

2）A/D 转换器（核心部件）：实现模拟电压到数字量的转换。

3）计数器：采用计数原理，完成数字化测量。

4）显示器：显示测量结果。

5）逻辑控制电路：在统一时钟作用下，完成整个电路的协调有序工作。

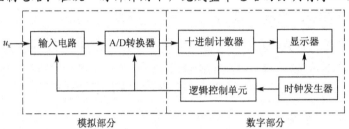

图 5-12　数字电压表组成框图

2. 数字电压表的特点

图 5-13 所示的为几种不同类型的数字电压表，其特点如下。

1）准确度高。

2）数字显示，直观方便。

3）输入阻抗高。

4）测量速度快，自动化程度高。

5）功能多样，以数字电压表为核心，可以扩展成各种通用数字仪表、专用数字仪表及各种非电量的数字化仪表。

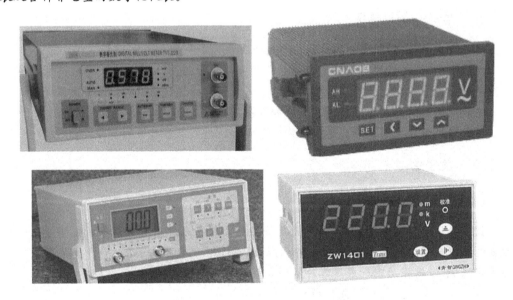

图 5-13　几种不同型号的数字电压表

知识3　数字电压表的主要工作特性

数字电压表与模拟式电压表相比有以下不同的工作特性。

1. 测量范围

我们经常用量程来表征其电压测量范围，但对 DVM 来说，其测量范围包括量程的划分、显示位数、超量程能力等。此外，还应说明量程的选择方式是自动、手动或遥控等。

(1) 量程

DVM 的量程是以基本量程（即 A/D 转换器的电压范围）为基础，借助于步进分压器和前置放大器向两端扩展。它的基本量程为 1V 或 10V，也有 2V 或 5V 的。

例如，基本量程为 10V 的 DVM，可扩展出 0.1V、1V、10V、100V、1000V 等五挡量程；基本量程为 2V 或 20V 的 DVM，可扩展出 200mV、2V、20V、200V、2000V 等五挡量程。

(2) 显示位数

DVM 的显示位数指其完整显示位，即能够显示 0~9 十个数码的显示位。

我们经常看到 1/2 位的说法，如 $4\frac{1}{2}$ 位、$5\frac{1}{2}$ 位等。所谓 1/2 位，其含义有两种：一是，如一台基本量程为 1V 或 10V，带有 1/2 位的 DVM，说明具有超量程能力。例如一台 4 位 DVM，在 10.000 量程上计数器的最大显示为 9.999V，则这是一台 4 位的无超量程能力的 DVM，即计数大于 9999 即溢出。如果另一台 4 位的 DVM，在其 10.000 量程上计数器的最大显示为 19.999V，其首位只能显示 0 或 1，不能算是完整的一位，它反映出了最大计数可超过量程。因首位不是完整显示位，所以称为 1/2 位。其二是，基本量程不是 1V 或 10V 的 DVM，其首位肯定不是完整显示位，所以也不能算一位。如一台基本量程为 2V 的 DVM，在基本量程上的最大显示为 1.9999V，则称为无超量程能力的 $4\frac{1}{2}$ 位 DVM。

(3) 超量程能力

我们已经知道，最大显示为 9999 的 4 位 DVM 是没有超量程能力的，而最大显示为 19999 的 4 位 DVM 则有超量程能力。超量程能力是 DVM 的重要特性。具有超量程能力的 DVM，当被测电压超过满度量程时，所得结果是不会降低其测量精度和分辨力的。如用一台 5 位的无超量程能力的 DVM 去测量一个电压值为 10.0001V 的直流电压，若置于满量程为 10V 挡，则最大显示为 9.9999V，此时，因无超量程能力，计数器溢出，将自动切换到 100V 挡，显示 10.000V，显然最后一位将丢失，即无法分辨出 0.0001V。但如用具有超量程能力的 DVM，因为它有一个附加首位，具有超量程能力，则在 10V 挡将显示为 10.0001V。

显然，带有半位的 DVM 如按 2V、20V、200V 等分挡，最大显示数字位则无超量程能力；若按 1V、10V、100V 等分挡则具有 100% 的超量程能力。

DVM 的超量程能力计算公式为

超量程能力＝［（能测量的最大电压－量程值）/量程值］×100％

例如，$3\frac{1}{2}$ 位的 DVM，有

1) 2V 量程时，最大显示数字为 1999，最大测量电压为 1.999V，无超量程能力。

2) 1V 量程时，最大显示数字为 1999，最大测量电压为 1.999V，超量程能力为 100％。

2. 分辨力

分辨力是 DVM 能够显示出的被测电压的最小变化值，也即显示器末位跳一个字所需的最小输入电压值。在不同的量程上，DVM 具有不同的分辨力——通常指其最小量程上的分辨力。显然，在最小的量程上，DVM 具有最高的分辨力。

例如，$3\frac{1}{2}$ 位的 DVM，在 200mV 最小量程上，可以测量的最大输入电压为 199.9mV，其分辨力为 0.1mV/字，即当输入电压变化 0.1mV 时，显示的末尾数字将变化一个字。

3. 测量速率

测量速率指每秒对被测电压的测量次数，或完成一次测量所需的时间。它主要取决于 A/D 转换器的变换速率。积分式 DVM 中的 A/D 转换器的变换速率较低，每秒仅几十次。逐次逼近式 DVM 测量速率则可达每秒 10^5 次以上。

4. 输入阻抗

输入阻抗取决于输入电路，并与量程有关。输入阻抗越大越好，否则将影响测量精度。

对于直流 DVM，输入阻抗用输入电阻表示，一般在 10～1000MΩ 之间。

对于交流 DVM，输入阻抗用输入电阻和并联电容表示，电容值一般在几十到几百皮法之间。

5. 抗干扰能力

DVM 的内部干扰有漂移和噪声，外部干扰有串模干扰和共模干扰。

串模干扰是指干扰源以串联形式与被测电压叠加后一起加到 DVM 输入端。DVM 对串模干扰的抑制能力用串模抑制比（SMR）来表征。一般直流 DVM 的 SMR 为 20～60dB，SMR 越大，表示 DVM 的抗串模干扰的能力越强。

共模干扰是指在测量电压时，由于被测信号源的地线与 DVM 的地线间存在电位差，这个电位差相当于一个干扰源，这个干扰源产生的电流将串入 DVM 的两根信号输入线，称为共模干扰。DVM 对共模干扰的抑制能力用共模抑制比（CMR）来表征。

DVM 的抗干扰能力是保证它具有高精度的一个重要因素。

6. 测量精度

测量精度取决于 DVM 的固有误差和使用时的附加误差（如温度等）。

固有误差由两部分构成：读数误差和满度误差。固有误差的表达式为

$$\Delta V = \pm(\alpha\% V_x + \beta\% V_m)$$

读数误差（$\alpha\% V_x$）：与当前读数有关。主要包括 DVM 的刻度系数误差和非线性误差。

满度误差（$\beta\% V_m$）：与当前读数无关，只与选用的量程有关。有时满度误差将等效为"$\pm n$ 字"的电压量表示。

当被测量（读数值）很小时，满度误差起主要作用，当被测量较大时，读数误差起主要作用。为减轻满度误差的影响，应合理选择量程，以使被测量程大于满量程的 2/3 以上。

例 5-1 现有三种数字电压表，其最大计数容量分别为：①999；②1999。它们各属于几位表？有无超量程能力，如有则各为多少？第二种电压表在 0.2V 量程的分辨力是多少？

解：1）它们分别为 3 位，$3\frac{1}{2}$ 位数字电压表。

2）①为完整显示位数的电压表，则无超量程能力；②具有半位，则在 1V、10V、100V 等量程上具有 100% 的超量程能力；在 2V、20V、200V 等量程上无超量程能力。

3）在 0.2V 量程上，该电压表无超量程能力，最大测量电压为 0.1999V，则分辨力为 0.0001V。

知识 4　数字多用表特点及原理

数字万用表（简称 DMM）又称数字多用表，它由数字电压表表头配上各种转换器（如电流/电压转换器、电阻/电压转换器、检波器等）而构成。数字万用表与模拟万用表相比，测量功能较多，它不但可以测量直流电压、交流电压、交直流电流和电阻等参数，还能测量信号频率、温度、电容的容量及判断电路的通断等。它以直流电压的测量为基础，测量其他参数时，先将它们变换为等效的直流电压，然后再通过测量直流电压获得所测参数的值。数字万用表与微处理器、高速 A/D 转换器相结合构成的高级数字万用表则可以实现更多特殊的测量。

1. 数字多用表的主要特点

图 5-14 所示为几种不同型号的数字多用表。它的主要特点有如下这些。

1）扩展了 DVM 的功能，可进行直流电压、交流电压、电流、阻抗等测量。

2）测量分辨力和精度有低、中、高三个挡级，位数 $3\frac{1}{2}$ 位～$8\frac{1}{2}$ 位。

3）一般内置有微处理器。可实现开机自检、自动校准、自动量程选择，以及测量

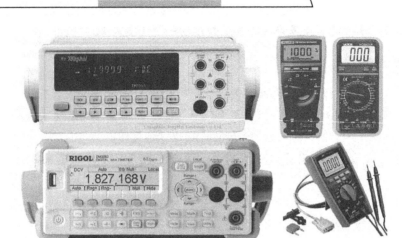

图 5-14   几种不同型号的数字万用表

数据的处理（求平均值、方均根值）等自动测量功能。

4）一般具有外部通信接口，如 RS-232、GPIB 等，易于组成自动测试系统。

2. 数字万用表的组成原理

在 DMM 中，对交流电压、电流和电阻测量都是先将它们变成直流电压，然后用 DVM 进行电压测量。DMM 的框图如图 5-15 所示。

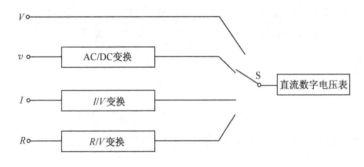

图 5-15   数字万用表组成框图

（1）AC/DC 变换

将交流电压变换（检波）得到直流的峰值、平均值和有效值，如前所述。

（2）I/V 变换

基于欧姆定律，将被测电流通过一个已知的采样电阻，测量采样电阻两端的电压，即可得到被测电流。为实现不同量程的电流测量，可以选择不同的采样电阻。

（3）R/V 变换

基于欧姆定律，对于纯电阻，可用一个恒流源流过被测电阻，测量被测电阻两端的电压，即可得到被测电阻阻值；对于电感、电容参数的测量，则需采用交流参考电压，并将实部和虚部分离后分别测量得到。

知识5　数字万用表面板结构及操作规程

1. 数字万用表的面板结构

数字万用表的面板结构大致相同，一般均包括显示屏、量程选择开关、h_{fe}插孔、输入插孔等几部分，如图 5-16 所示。现将各部分功能简述如下。

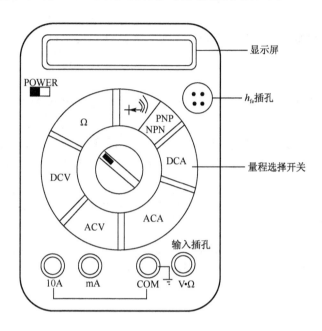

图 5-16　数字万用表面板示意图

量程选择开关：可同时完成测试功能和量程的选择。

输入插孔：共有四个插孔，分别用于测量电压，电阻和大、小电流。插孔下方常标示对应插孔所测量的电流或电压值的最大值。

h_{fe}插孔：为测试晶体管（三极管）的专用插孔。测试时，将晶体管的三个引脚插入对应的 E、B、C 孔内即可。

2. 数字万用表操作规程

1）数字万用表应平稳放置，将红表笔插入 V·Ω 插孔，黑表笔插入 COM 插孔。

2）测电压和电流时，根据被测信号要求合理选择挡位及量程，若不知被测信号大小，可先选择最大量程，逐步减小到合适的量程。测量时显示"1"，说明量程过小，应更换高量程。

3）测电阻前要先对表进行检查：打开电源两表笔短接，显示屏应显示 0.00Ω；将两表笔开路，显示屏应显示溢出符号"|"。以上两种情况正常时，可正常使用。测量时显示"|"，需更换大量程。

4）对二极管进行测量时，将红表笔插入"V·Ω"孔内，量程开关转至标有二极管符号的位置，若二极管正常，则正向电压值为 0.5～0.8V（硅管）或者 0.25～0.3V（锗管）；当反向测量时，若二极管正常，将出现"1"；若损坏，将显示"000"。

5）h_{fe} 值测量。根据被测管的类型（NPN 或 PNP）不同，把量程开关转至相应位置，再把被测的晶体管的引脚插入相应的 E、B、C 孔内，即可测出 h_{fe} 值的大小。

6）电路通、断的检查。将红表笔插入"V·Ω"孔内，量程开关转至标有")))"符号处，让表笔触及被测电路，若内蜂鸣器发出叫声，则说明电路是通的，反之则不通。

7）仪器使用完毕后，应关掉电源，整理附件，清点检查后放置。

注意：

1）一般数字万用表的频率特性较差，测量交流电压和电流时频率范围在 500Hz 以下。

2）在使用各电阻挡、二极管挡、断通挡时，红表笔接"V·Ω"插孔，但是带正电的，黑表笔接"COM"插孔，是带负电的，这与模拟万用表在电阻挡时带电极性正好相反。

3）每次使用完毕应将电源关掉。长期不用，要取出电池，以防止电池漏出电解液而腐蚀电路板。

4）一般不能用数字万用表测量含有交流成分的直流电压，因为数字万用表要求被测直流电压稳定，才能显示数字，否则数字将跳变不停。

议一议

1）电压的数字化测量原理是否基于最基本的"数字计数"原理？谈谈你的理解。

2）数字电压表的主要工作特性和模拟电压表有什么不同？

3）请结合下面图表总结一下电压测量技术及方法。

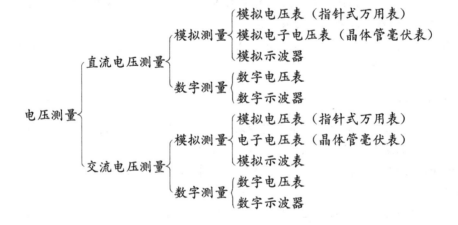

评一评

类别	检测项目	评分标准	分值	学生自评	教师评估
任务知识内容	电压的数字化测量原理	理解电压的数字化测量原理	10		
	数字电压表的组成、特点和主要工作特性	理解数字电压表的组成、特点和主要工作特性	30		
	数字多用表的特点及组成原理	掌握数字多用表的特点及组成原理	20		
任务操作技能	数字多用表的基本应用	掌握数字多用表的面板结构和基本应用	30		
	安全规范操作	安全用电、按章操作，遵守实训室管理制度	5		
	现场管理	按6S企业管理体系要求，进行现场管理	5		

做一做

实训　数字万用表应用技能训练

一、实训目的

熟悉数字万用表的操作规程、基本测量方法及应用。

二、实训仪器及器材

数字万用表，直流稳压电源，电阻、二极管、晶体管若干。

三、实训内容和步骤

1. 直流电压的测量

调节直流稳压电源的输出电压，用数字万用表分别测量其每次输出值，将结果填入表5-4中。注意万用表挡位和量程选择。

表5-4　直流电压的测量

稳压电源输出值/V	1	2	5	10	15	20
数字万用表读数/V						

2. 交流电压的测量

先将数字万用表功能开关旋到交流电压挡合适量程，分三次测量电源插座中的市电电压，将测量结果填入表 5-5 中，并求其平均值。

表 5-5　交流电压的测量

测量次数及平均值	第一次	第二次	第三次	平均值
数字万用表读数/V				

3. 二极管的测量

将数字万用表的挡位转换开关转到标示二极管符号的位置，对二极管进行测量，根据测量结果判断二极管的好坏和优劣。

4. 晶体管的测量

将数字万用表的挡位转换开头转到标示二极管符号的位置，分别测量晶体管的两个 PN 结的好坏，并判断晶体管是 PNP 型还是 NPN 型。然后根据被测晶体管的类型不同，旋转量程开关至标示 "PNP" 或 "NPN" 处，把被测的晶体管的三个引脚插入相应的 E、B、C 孔内，测量出该晶体管 h_{fe} 值。

5. 电阻的测量

根据电阻的色环读出其大小，选择合适的电阻挡量程测量其阻值。

四、实训数据分析及讨论

1）整理实验数据，计算平均值，填入表格。
2）分析实验结果，找出误差原因。

五、实训报告

总结数字万用表测量功能及方法，回答思考题。
1）数字万用表测量交流电压的原理是什么？
2）数字万用表测量交流电压和电流时，频率范围约为多少？为什么？
3）数字万用表和模拟万用表相比有什么相同和不同的地方？数字万用表为什么不能完全取代模拟万用表？
4）数字万用表能否用来测量含有交流成分的直流电压？为什么？

项 目 小 结

- 电压测量是电子测量最基本的测量。电压测量仪器分为模拟式和数字式两大类。
- 交流电压可用峰值 V_P、平均值 $\overline{V}$ 或有效值 V 来表征其大小，三者之间用波形因数 K_P 和波峰因数 K_F 联系。交流电压表的核心部件是 AC/DC 转换器。交流电压表一般采用正弦交流电压有效值标度，测量非正弦波时，应根据电压表 AC/DC 转换器类型及被测波形的 K_P 和 K_F 值进行波形换算。

- 数字电压表在电压测量中具有速度快、准确度高、数字显示、输入阻抗高等优点。
- 数字万用表由数字电压表表头配上各种转换器（如电流/电压转换器、电阻/电压转换器、检波器等）而构成。它以直流电压的测量为基础，测量其他参数时，先将它们变换为等效的直流电压，然后再通过测量直流电压获得所测参数的值。

思考与练习

1. 简述电压测量的意义。

2. 在示波器上分别观察到峰值为 2V 的正弦波、三角波和方波，若分别用均值型、峰值型和有效值型三种电压表测量，读数分别是多少？

3. 利用峰值电压表测量正弦波、方波和三角波电压，电压表读数均为 3V，问：

（1）对每种波形来说，读数各代表什么意义？

（2）三种波形的峰值、平均值、有效值各为多少？改用有效值电压表和均值电压表测量，重复上述问题。

4. 什么是电压的数字化测量？数字电压表的关键部件是什么？

5. 数字电压表的技术指标主要有哪些？它们是如何定义的？

6. DVM 与 DMM 有何区别？

7. 直流电压的测量方案有哪些？

8. 交流电压的测量方案有哪些？

项目六

频域测量技术

对一个电信号特性的研究可以采用时域分析，即分析它随时间变化的特性，也可以由它所包含的频率分量（即频谱分布）来描述。常把前者称为时域分析，后者称为信号的频域分析。

频域测量是把信号作为频率的函数进行分析，主要讨论电路系统频率特性的测量和信号的频谱分析。

本项目讨论的主要内容包括：电路系统频率特性测量技术、信号频谱分析技术和谐波失真度的测量技术及方法。

知识目标

- 掌握电路系统频率特性的测量技术及方法。
- 理解信号频谱分析技术。
- 掌握失真度测量的技术和方法。

技能目标

- 熟练掌握扫频仪的基本应用。
- 熟练掌握失真度仪的基本应用。

任务一　电路系统频率特性测量技术及方法

任务目标

- 理解点频法测量电路的频率特性。
- 理解扫频测量技术。
- 掌握频率特性测试仪原理。
- 熟练掌握频率特性测试仪的应用。

任务教学模式

教学步骤	时间安排	教学方式
阅读教材	课余	自学、查资料、相互讨论
知识讲解	2学时	重点讲授点频法测量频率特性，扫频测量技术，频率特性测试仪原理及频率特性测试仪的应用
操作技能	2学时	通过实训1，掌握扫频仪操作规程及基本应用

当信号输入到放大器、鉴频器、陷波器、吸收回路等电路（网络）时，其输出信号电压幅度会随着信号频率的变化而变化，这种变化反映了该电路的一种特性，称为电路的幅频特性（频率特性）。频率特性曲线能直观明显地反映出这一类电路的性能，像心电图、脑电图能反映心脏和大脑是否正常一样，电路（网络）的频率特性曲线能清楚地反映出电路是否正常，是否符合设计要求。

读一读

知识1　点频法测量频率特性

我们先来看一个测量实例。该实例要求设计电路及方法，选择合适的测量仪器，得出调谐放大器的频率特性曲线。

1. 测量方法

可采用点频法测量，电路连接如图6-1所示。方法是向被测系统提供测量用激励信号，然后测量被测系统对激励信号的响应。注意测量时保持输入信号的幅度 V_i 不变，调节其频率；在不同的频率点上，用毫伏表（或示波器）逐点测得数据 V_o，将得到的各个点连接成线，即是该放大电路的幅频特性曲线，如图6-2所示。

2. 测量方法的特点

这种点频法测量是电路频率特性的原始测试方法，具有以下特点。

1）较麻烦，工作量大，不适合大批量产品的测试。

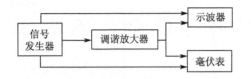

图 6-1 点频法测量放大器频率特性曲线连线图　　图 6-2 低频放大器频率特性曲线

2）测量频点的选择对测量结果有很大影响，特别对某些特性曲线的锐变部分以及失常点，可能会因频点选择不当或不足而漏掉频率特性变化的细节。

3）点频法测得的是电路的静态特性，而实际上电路是工作于动态中的。

所以，要全面、快捷地对测试系统进行测试，静态点频法不能适应需要，必须采用动态测量。

什么是调谐放大器

调谐放大器指以电容器和电感器组成的回路为负载，且增益和负载阻抗随频率而变化的放大电路。这种回路通常被调谐到待放大信号的中心频率上。由于调谐回路的并联谐振阻抗在谐振频率附近的数值很大，所以放大器可得到很大的电压增益；而在偏离谐振点较远的频率上，回路阻抗下降很快，使放大器增益迅速减小。因而调谐放大器通常是一种增益高和频率选择性好的窄带放大器。

调谐放大器广泛应用于各类无线电发射机的高频放大级和接收机的高频与中频放大级。在接收机中，主要用来对小信号进行电压放大；在发射机中主要用来放大射频功率。调谐放大器的调谐回路可以是单调谐回路，也可以是由两个回路相耦合的双调谐回路。可以通过互感线圈与下一级耦合，也可以通过电容与下一级耦合。一般来说，采用双调谐回路的放大器，其频率响应在通频带内可以做得较为平坦，在频带边缘上有更陡峭的截止。超外差接收机中的中频放大器常采用双回路的调谐放大器。

知识 2 扫频测量技术

1. 扫频图示法原理

扫频测量是一种动态测量。扫频测量在频域测量中应用广泛。"扫频"是利用某种方法，使正弦信号的频率随时间按一定规律、在一定范围内反复扫描。这种频率扫描的信号即被称为扫频信号。利用扫频信号进行的测量称为扫频测量。利用扫频测量并且直观地将电路幅频特性曲线显示出来的测量方法称为扫频图示法。下面来讨论一下扫频图示法原理。

仍以上述放大器频率特性曲线的测试为例，图 6-3 所示为测量放大器动态幅频特性曲线的原理框图。

要想在示波器上显示电路的动态频率特性，首先需要一个输出信号幅度恒定、而频率连续变化的扫频信号作为输入信号。图中扫频信号发生器受扫描电压发生器所产生的锯齿波电压扫频，其输出信号的幅度恒定，但瞬时频率随时间在一定范围内由高到低作线性变动（见图 6-3 中波形 b）。该扫频信号作为输入信号 V_i 加到被测电路（即调谐放大器）的输入端，则从输出端得到的输出电压 V_o 振幅的包络变化规律与被测电路的幅频特性相应（见图 6-3 中波形 c）。这个电压经峰值（包络）检波器检波，得到的即是被测电路的幅频特性曲线（见图 6-3 中波形 d，称图形信号）。这个图形信号经 Y 放大器放大后，加到了示波管的垂直偏转板。

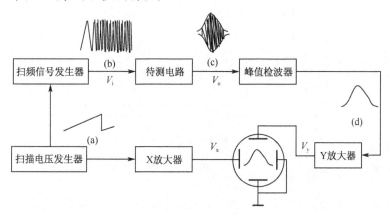

图 6-3 扫频测量原理框图

在扫频图示法中，由于调制扫频信号发生器完成扫频的锯齿波电压即是示波管的水平扫描电压，也就是说，扫频信号频率随时间变化规律与锯齿波电压随时间变化规律是一样的，所以，可以将示波管屏幕的水平轴看成线性的频率轴，这就和时域测量中通过时基扫描得到时间轴一样。这样，示波器水平轴代表频率，垂直轴代表幅度，那么，屏幕上描绘出的图形就是被测电路的幅频特性曲线。

2. 扫频信号源

扫频测量的核心部件是扫频信号源。扫频信号源既可作为频率特性测试仪、网络分析仪或频谱分析仪的组成部分，也可以作为独立的测量用信号发生器。

扫频信号由扫频振荡器产生，实现扫频的方法很多，有机械扫频、电抗管扫频、磁调电感扫频、变容管扫频等。无论采用哪一种扫频方法，都要求扫频信号的工作特性满足要求，即具有足够宽的扫频范围、良好的扫频线性及扫频信号振幅恒定。常用的扫频方法是磁调扫频和变容管扫频。

知识 3 频率特性测试仪原理

1. 扫频仪组成及原理

频率特性测试仪简称扫频仪，它是基于基本扫频图示法原理而构成的测试仪器，其组成原理框图如图 6-4 所示，主要由三部分组成：扫频和频标信号产生电路、示波驱动与显示电路及高低压电源。由于在显示的幅频特性曲线上需要叠加频率标志以便读出各点相应的频率值，所以增加了频标信号产生电路。

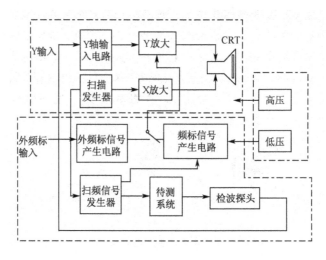

图 6-4　频率特性测试仪组成框图

2. 频标信号产生电路

频率标记是扫频测量中的频率定度。产生频标的基本方法是差频法，利用差频方式可产生一个或多个频标，频标的数目取决于和扫频信号混频的基准频率的成分。频标一般有菱形和针形两种。

（1）菱形频标信号产生电路

菱形频标信号产生电路由晶体振荡器、谐波发生器、混频器、低通滤波器、扫频信号发生器构成，如图 6-5 所示。晶体振荡器产生标准频率的振荡信号如 $f_o = 10\text{MHz}$，通过谐波发生器产生 f_o 的基波和各次谐波 f_{o1}、f_{o2}、f_{o3}、…、f_{oi}，送入混频器与扫频信号混频。扫频信号的范围是 $f_{min} \sim f_{max}$，若扫频信号与谐波在某点处差频为 0，如 f_{o1} 处，则由于低通滤波器的选通性，在零点差频点，信号通过，因为幅度最大；离零差频点越远，差频越大，幅度越小，且越远处幅度越小。于是在 $f = f_{o1}$ 处就形成了菱形频标。同理，在 $f_{min} \sim f_{max}$ 各零频点处也形成了菱形频标。

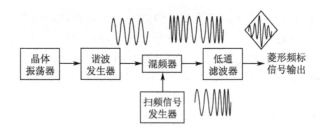

图 6-5　菱形频标信号产生原理框图

（2）针形频标

在产生电路的输出端增加一个单稳态触发器和整形电路，利用菱形差频信号去触发单稳态触发器，再经过整形后输出针形频标。菱形频标适用于测量高频段的频率特性。针形频标宽度较菱形频标窄，在测量低频电路时分辨力更高。

3. 频率特性测试仪的主要工作特性

1) 有效扫频宽度。有效扫频宽度是指在扫频线线性和振幅平稳性符合要求的条件下，最大的频率覆盖范围。即

$$\Delta f = f_{\max} - f_{\min}$$

式中　Δf——有效扫频宽度；

　　　$f_{\max}$——一次扫频时能获得的最高瞬时频率；

　　　$f_{\min}$——一次扫频时能获得的最低瞬时频率。

2) 中心频率。中心频率 $f_{\circ}$ 为

$$f_{\circ} = \frac{f_{\max} + f_{\min}}{2}$$

中心频率范围指 $f_{\circ}$ 的变化范围，也就是扫频仪的工作频率范围。

3) 相对扫频宽度。相对扫频宽度定义为有效扫频宽度与中心频率之比，即

$$\frac{\Delta f}{f_{\circ}} = 2\frac{f_{\max} - f_{\min}}{f_{\max} + f_{\min}}$$

通常所说的"窄带扫频（窄扫）"指 Δf 远小于信号瞬时频率的扫频信号；"宽带扫频"指 Δf 和瞬时频率可以相比拟的扫频信号。

4) 扫频线性。指扫频信号瞬时频率变化和调制电压瞬时值变化之间的吻合程度。吻合程度越高，扫频线性越好。

5) 振幅平稳性。在幅频特性测试中，必须保证扫频信号的幅度恒定不变。扫频信号的振幅平稳性通常用它的寄生调幅来表示，寄生调幅越小，表示振幅平稳性越高。

知识 4　频率特性测试仪的应用

频率特性测试仪又称扫频仪，有模拟式和数字式两种，如图 6-6 所示。使用扫频仪可以测试多种无线电部件，例如宽频放大器、雷达接收机中频放大器和高频放大器、收

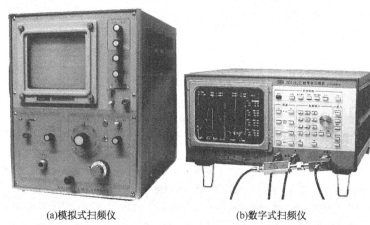

(a)模拟式扫频仪　　　　　　　　(b)数字式扫频仪

图 6-6　扫频仪

音机中频放大器、电视机图像通道，以及滤波器、衰减器等有源和无源四端网络的幅频特性，还可以测量鉴频器的鉴频特性，或用来作为调谐指示器等。为了更好地使用扫频仪，先了解其面板结构。

1. 频率特性测试仪的面板结构

由于型号不同，扫频仪面板结构和控键使用方法也不相同，如图6-7所示。但大致可分为以下部分，以BT-3GⅡ型扫频仪面板结构为例，如图6-8所示。

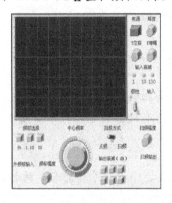

图6-7　几种型号的扫频仪面板图

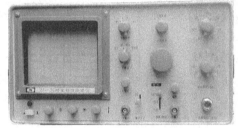
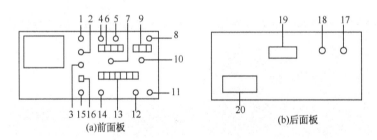

(a)前面板　　(b)后面板

图6-8　BT-3GⅡ型频率特性测试仪面板示意图

1-亮度；2-聚焦；3-水平校准；4-Y位移（调节波形上下移动）；5-Y增益（波形幅度的调节旋钮）；6-＋/－、AC/DC、Y衰减（极性、耦合方式及衰减的选择开关）；7-扫频宽度（扫频频率覆盖的有效宽度，为扫频中心频率的最高值和最低值之差）；8-频标幅度（可改变频标在屏幕上显示的幅度）；9-频标选择（50MHz、10MHz、1MHz复合、外接）；10-中心频率（在扫频范围内可改变中心频率）；11-外接频标（使用外频标时，由此输入）；12-扫频输出（扫频信号的输出端，可接输出探头）；13-输出衰减（1dB、2dB、3dB、4dB、10dB、20dB、30dB，输出扫频信号电压的幅度调节旋钮）；14-Y输入（输入从被测电路取出的待测信号）；15-电源指示灯；16-电源开关；17-X位移调节（调节波形水平方向移动）；18-X幅度调节；19-断/通；20-220V电源插座（内带熔断丝）

2. 扫频仪操作规程

扫频仪操作规程如下。

1) 接通电源，预热 10min。然后调节亮度、Y 位移及聚焦旋钮，在屏幕上显示的扫描线应明亮光滑。

2) 根据被测电路的工作频率或带宽，将频标选择开关置于合适挡位，通过调节频标幅度旋钮，使其大小合适。

3) 极性开关置"＋"或"—"，耦合方式置 AC 或 DC。

4) 进行零频标的调试，具体方法如下。

将扫频仪的输出探头与输入探头短接，如图 6-9 所示。

图 6-9　扫频仪零频标调试和 0dB 校正连线示意

将输出衰减置 0dB，调节 Y 增益至合适大小，荧光屏上将出现如图 6-10（a）所示的两条光迹，顺时针旋转，光迹将向右移动，直至光迹出现一个凹陷点，如图 6-10（b）所示，这个凹陷点就是扫频信号的零频标点。

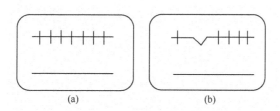

(a)　　　　　　　　　(b)

图 6-10　零频标调试波形图

5) 进行 0dB 校正，具体方法如下。

将扫频仪的输出探头与输入探头相短接，如图 6-9 所示，将输出衰减置 0dB，调节 Y 增益使荧光屏上显示的两条光迹间有一确定的高度，这个高度称为 0dB 校正线，此后 Y 增益旋钮不能再动，否则测试结果无意义。

6) 仪器使用完毕后，应关掉电源，整理附件，清点检查后放置。

注意：

1) 扫频仪与被测电路连接时，必须考虑阻抗匹配问题。

2) 在显示幅频特性曲线时，如发现图形有异常曲折，则表明电路有寄生振荡，这时应先采取措施消除自激，如降低放大器增益、改善接地线或加强电源退耦滤波等。

3) 测试时，输出电缆与检波头的地线应尽量短，切忌在检波头上加长导线。

3. 频率特性仪测试实例

（1）电路幅频特性的测试

将经过零分贝校正的频率特性测试仪与被测电路连接好，如图 6-11 所示。调整扫频仪的相关旋钮，使屏幕上显示出符合要求的幅频特性曲线并测绘。

（2）电路参数的测量

1）增益的测量。将经过零分贝校正的频率特性测试仪与被测电路连接好，如图 6-11所示。保持"Y 增益"旋钮不动，再调节两个"输出衰减"旋钮，使屏幕显示的幅频特性曲线的幅度正好为 0dB 校正线，则"输出衰减"的分贝值就等于被测电路的增益。

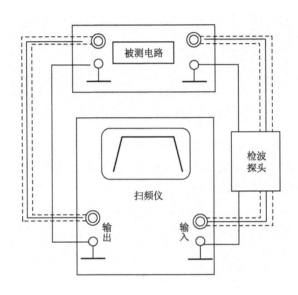

图 6-11　幅频特性曲线测试连线示意

例如，粗衰减为 20dB，细衰减为 3dB，则增益 $A = 23dB$。

2）带宽的测量。从屏幕上显示的幅频特性曲线上确定下限频率 f_L 与上限频率 f_H，则带宽为

$$\mathrm{BW} = f_H - f_L$$

例如，从幅频特性曲线上，读出曲线弯曲段下降到中频段幅度的 0.707 时所对应的低端频率 $f_L = 47MHz$、高端频率 $f_H = 55MHz$，则 $\mathrm{BW} = 55MHz - 47MHz = 8MHz$。

注意：频率值的读数是：在曲线规定的范围内的频标个数乘以频标所代表的频率值。

议—议

1）请设计点频法测量电路频率特性曲线测试步骤。

2）扫频仪能否充当扫频信号发生器来使用，如何使用？

3) 为什么进行扫频测试时，输出电缆与检波头的地线应尽量短？

4) 如果把扫频仪看成是一台 X-Y 图示仪，那么和示波器相比，加到图示仪 X 通道的信号和加到 Y 通道的信号是否一样？

评一评

类别	检测项目	评分标准	分值	学生自评	教师评估
任务知识内容	扫频测量技术	与点频法比照，理解扫频测量技术及特点	20		
	扫频仪的基本组成和原理	与示波器比照，掌握其各组成单元的作用	20		
任务操作技能	扫频仪的面板结构、各功能键的使用	理解面板结构，熟练掌握各按键及旋钮功能	20		
	扫频仪基本应用	理解测试实例，掌握扫频仪操作方法及应用	30		
	安全规范操作	安全用电、按章操作，遵守实训室管理制度	5		
	现场管理	按6S企业管理体系要求、进行现场管理	5		

做一做

实训　扫频仪的基本应用训练

一、实训目的

1) 掌握扫频仪的基本使用方法。

2) 进一步熟悉扫频仪面板上各开关旋钮的作用。

3) 掌握使用扫频仪进行放大器通频带测量的基本方法。

二、实训仪器及器材

1) 频率特性测试仪（BT-3GⅡ型）一台。

2) 75Ω 匹配电缆一只。

3) 检波电缆一只。

4) 电视机中放板一块。

5) 隔直电容（510pF）、隔直电阻（1kΩ）各一只。

三、实训内容和步骤

1) 将 BT-3 型扫频仪开机预热，调节辉度、聚焦，使图像清晰，基线与扫描线重

合，频标显示正常，中心频率为 30MHz，频带宽度为 ±5MHz。

2）进行零频调节和 0dB 校正。

3）按图 6-12 所示连接中频放大器的测试电路。输出电缆探头需要接一个隔直电容后再接到中频放大器的输入端。带检波器电缆探头需经一个隔直电阻后接于中频放大器的输出端。

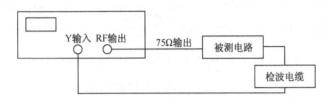

图 6-12　测量连线图

4）电视机中频带宽的测量。调节中频放大器的有关元件，调节粗调和细调衰减器控制扫频信号的电压幅度，使荧光屏上显示出高度合适的频率特性曲线，然后调节 Y 增益，使曲线顶部与水平刻度线 AB 相切，如图 6-13（a）所示，此后 Y 增益旋钮保持不动，将扫频仪输出衰减细调衰减器减小 3dB，此时荧光屏上显示的曲线高出原来水平刻度线 AB，且与 AB 有两个交点，两交点处的频率分别为下限截止频率 f_H 和上限截止频率 f_L，如图 6-13（b）所示，则该放大器幅频特性曲线的频带宽度 BW 为

$$BW = f_H - f_L$$

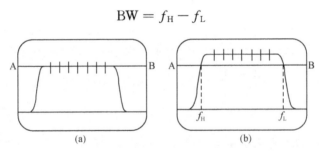

图 6-13　扫频仪测量带宽时显示图形

5）电视机中放的增益测试。在调好幅频特性的基础上，分别调节粗调和细调衰减器，控制扫频信号的电压幅度，使荧光屏显示的频率特性曲线处于 0dB 附近，如果高度恰好与 0dB 线等高，此时为粗调输出衰减 B_1（dB），细调输出衰减 B_2（dB），则该放大器的增益 A 为

$$A = B_2 + B_1$$

四、实训数据分析、讨论及思考

1）认真记录测量数据，计算出测量结果。

2）分析测量中产生误差的主要原因，提出减少测量误差的方法。

3）在进行中频放大器测试时，输出电缆探头接一个隔直电容后再接到中频放大器的输入端，带检波器电缆探头经一个隔直电阻后接于中频放大器的输出端，这样做的原因是什么？

五、实训报告

认真分析数据，总结实训结论，回答思考题。

任务二　信号频谱分析技术

任务目标

- 理解频谱分析的基本概念和意义。
- 理解获取频谱的基本方法及相应的频谱仪原理。
- 理解常用频谱分析仪的分类和特性。
- 了解频谱仪的应用。

 任务教学模式

教学步骤	时间安排	教学方式
阅读教材	课余	自学、查资料、相互讨论
知识讲解	学时	重点讲授频谱分析的基本概念，获取频谱的基本方法及相应的频谱仪原理，常用频谱分析仪的分类和特性，频谱分析仪的应用
操作技能		采用多媒体课件课堂演示

对一个电信号特性的研究可以采用时域分析，即分析它随时间变化的特性，也可以由它所包含的频率分量（即频谱分布）来描述，常把前者称为信号的时域分析，后者称为信号的频域分析。示波器是时域测量分析的典型仪器，频谱分析仪是最重要的频域分析仪器。时域分析和频域分析是从不同的角度去观察同一事物，可以相互转换。

示波器是从时域观点测量分析信号，屏幕上看到的是 $v\text{-}t$ 关系曲线，而频谱仪则是从频域观点进行测量分析信号，得到的是 $v\text{-}f$ 关系曲线。上述两种分析各有其特点和适用范围，如一个信号基波与谐波的幅度一样，而相位不同，这一相位差别在示波器上可明显反映出来，但在频谱仪上却显示的谱线不变，对其相位变化没有反应；而利用示波器很难看出正弦信号的微小波形失真，但在频谱仪上却能定量测出哪怕是很小的谐波分量。

知识 1　频谱分析的基本概念

1. 什么是频谱分析

在实际测量中，绝对纯正弦波信号是不存在的。可以证明，一个周期性正弦信号是由基波和各次谐波组成的，非正弦波也可分解为频率不同的正弦。通常将合成信号的所有正弦波的幅度按频率的高低依次排列所得到的图形称为频谱。频谱分析就是在频率域内对信号及特性进行描述。

2. 信号频谱分析的内容

1）对信号本身的频率特性分析，如对幅度谱、相位谱、能量谱、功率谱等进行测量，从而获得信号不同频率点的幅度、相位、功率等信息。

2）对线性系统非线性失真的测量，如测量噪声、失真度、调制度等。

3. 示波测试与频谱分析的特点

示波器和频谱仪都可用来观察正弦信号，两者得到的结果应该是相同的。但由于二者是从不同角度去观察同一事物，所以得到的现象反映了事物的不同方面。因此，从测量的观点看，这两类仪器各有特点，下面举几个例子加以说明。

1）在时域较复杂的波形，在频域却较简单，如图 6-14（a）、（b）所示。

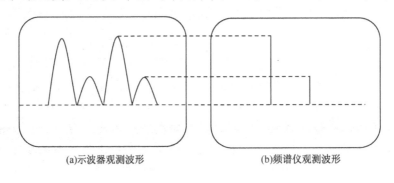

(a)示波器观测波形　　　　　　　　　　(b)频谱仪观测波形

图 6-14　同一信号在时域和频域中的不同显示情况

2）如果两个信号内的基波幅度和两次谐波幅度均相等，但基波与两次谐波的相位差不等，则这两个信号所显示的频谱图是没有区别的，因为实际的频谱分析通常只给出幅度谱和功率谱，不直接给出相位信息。而示波器观察这两个信号的波形却有明显的不同。图 6-15（a）中波形①和②相位相同，而图 6-15（b）中的波形①和②相位相差180°，但其频谱却是相同的。

3）图 6-16（a）所示两个波形，波形①无失真，波形②正半周出现较小失真。用示波器观察很难定量分析失真的程度，甚至无法分辨出失真情况；但用频谱分析则将信号

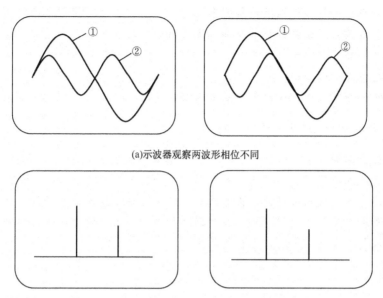

(a)示波器观察两波形相位不同

(b)频谱仪观察两相位不同的波形频谱相同

图 6-15　示波器和频谱仪观察相位不同的波形情况

的基波和各次谐波含量显示得非常清楚，如图 6-16（b）所示，谱线数量明显不同，而且可直接得到定量的结果。

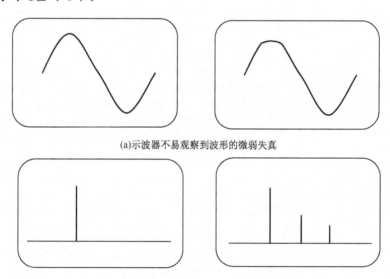

(a)示波器不易观察到波形的微弱失真

(b)频谱仪容易观察到波形微小的幅度和相位变化

图 6-16　示波器和频谱仪观察波形微弱失真的情况

知识 2　获取频谱的基本方法及相应的频谱仪原理

想得到信号的频谱图，最基本的方法是用一系列带宽极窄的滤波器滤出被测信号在各个频率点的频谱分量。根据滤波器的不同形式，滤波法有顺序滤波法、并行滤波法、扫描滤波法、外差式滤波法、时间压缩式滤波法等几种。这里重点介绍顺序滤波法和外差式滤波法及与之相应的频谱仪原理。

频谱分析仪是一台多功能测量仪器，可测量电信号的电平、频率响应、谐波失真、频谱纯度及频率稳定度等，在电子测量中应用广泛。

1. 顺序滤波原理及顺序滤波式频谱仪

顺序滤波式频谱仪采用顺序滤波式，其基本原理如图 6-17 所示。输入信号经放大后送入一组带通滤波器，这些滤波器的中心频率分别为 $f_{o1} < f_{o2} < \cdots < f_{on}$，由各个滤波器选出的频率分量通过与阶梯波扫描电压同步的步进换接开关 S 顺序接入检波器，经检波、放大后加到示波管垂直偏转板。示波器水平偏转板上加的即是上述的阶梯波扫描电压。这样，在屏幕上即可得到待测信号的频谱图。

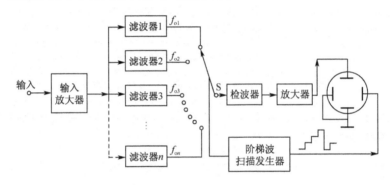

图 6-17　顺序滤波式频谱仪原理框图

顺序滤波式频谱仪需要大量的窄带滤波器，尤其是为了使滤波器的频率稳定和频带足够宽，需要采用价格昂贵的晶体滤波器。目前频谱仪多利用扫频技术，采用外差式接收方法，在采用少量滤波器的情况下，实现频谱分析，即扫频外差式频谱分析仪。

2. 扫频外差式滤波及扫频外差式频谱仪

扫频外差式频谱仪的基本原理框图如图 6-18（a）所示，所谓"扫频外差式"包括外差和扫频两种含义。"外差"即本振信号和外来待测信号通过混频器产生差频信号（中频）。"扫频"即本振信号频率是连续改变的。这种方式的特点是中频是固定的，因此只要采用一个窄带滤波器即可。为了改变窄带滤波器的带宽，需要几个滤波器以备更换。在本振频率扫频时，它和待测信号顺序差出一个选定的中频值，也就相当于选取了一系列待测信号频率分量。例如待测信号包含 4MHz、5MHz、6MHz、7MHz、8MHz 五种频率成分，取中频频率为 7MHz，由窄带滤波器选取 7MHz 信号，本振频率从 11MHz 扫到 15MHz，当本振频率为 11MHz 时和 4MHz 差出第一个 7MHz 信号，本振频率扫到 12MHz 时和 5MHz 差出第二个 7MHz 信号，本振频率继续升高，接着依次差出第三、四、五个中频，从窄带滤波器输出五个中频信号。中频信号经检波器检出振幅，直流放大后加到 Y 偏转板，同时加到 X 偏转板的锯齿波扫描电压就是本振扫频振荡器的

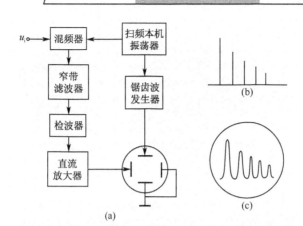

图 6-18　扫频外差式频谱仪基本原理框图

调制电压，因而水平轴变成频率轴，这样屏幕上即显示出输入信号的频谱图。由于窄带滤波器存在一定的带宽，所以显示的谱线并非理想的直线，如图 6-18（b）所示，而是一排窄带滤波器的动态幅频特性曲线，如图 6-18（c）所示。

外差式频谱分析仪频率范围宽、灵敏度高、频率分辨率可变，是目前频谱仪中使用最多的一种。

3. 计算法频谱分析和计算法频谱分析仪

除上述方案，目前的频谱分析方法还常采用计算法。通过 FFT 方法计算 DFT，即可得到信号的离散频谱，再经平方后获得功率谱。计算法频谱分析仪由数据采集、数字信号处理、结果显示和记录等几部分构成。采用 FFT 做频谱分析的仪器，一般具有多种功能，已远远超过频谱分析的范围。

知识 3　常用频谱分析仪介绍

1. 常用频谱分析仪分类

频谱分析仪种类繁多，图 6-19 所示为几种常见型号的频谱分析仪。按工作原理不同可分为滤波法和计算法两大类；按信号处理方式不同可分为模拟式、数字式、模拟数字混合式频谱仪；按工作频带不同可分为高频、射频、低频等频谱仪；按处理的实时性分实时频谱仪、非实时频谱仪。

2. 频谱仪的工作特性

频谱仪的工作特性与其工作原理密切相关，不同品种的频谱仪参数不完全相同。对于使用者来说，主要应了解频率特性、幅值特性和分析速度等几种参数。

（1）频率范围

指能达到频谱分析仪规定性能的工作频率区间。

（2）扫频宽度和分析时间

扫频宽度（或称"分析谱宽"）是指频谱仪在一次分析过程中所显示的频率范围，

图 6-19　各种型号的频谱分析仪

也称为分析宽度。

完成一次频谱分析所需的时间，称为频谱仪的分析时间。分析时间实际上就是一次扫描过程的时间，所以又称为扫描时间。

扫频宽度与分析时间之比即扫频速度。

（3）测量范围

测量范围是指在任何环境下可以测量的最大信号与最小信号的比值。可以测量的信号上限由安全输入电平决定，可以测量的信号下限由灵敏度决定，并且和频谱仪的最小分辨带宽有关。

（4）频率分辨力

频率分辨力是指能够分辨出两个频率分量的最小间隔，它表征了频谱仪将相近频率的信号区分出来的能力。

由于在频谱仪荧光屏上所观测到的被测信号的谱线实际上为窄带滤波器的动态幅频特性曲线，因此分辨力取决于幅频特性的带宽。所以，通常把幅频特性的 3dB 带宽定义为频谱仪的频率分辨力。由于窄带滤波器的幅频特性曲线与扫频速度有关，所以分辨力也与扫频速度有关。常定义静态幅频特性曲线的 3dB 带宽为"静态分辨力 B_q"，而在扫频工作时的动态幅频特性曲线的 3dB 带宽为"动态分辨力 B_d"。仪器技术说明书中通常给出静态分辨力 B_q，而动态分辨力 B_d 则与使用条件有关。显然，B_d 总是大于 B_q，而且扫频速度越快，B_d 的值越大。如何获得高的动态分辨力是正确使用频谱仪的重要问题。

（5）灵敏度

指频谱仪测量微弱信号的能力，定义为显示幅度为满刻度时，输入信号的最小电平值。灵敏度与扫频速度有关，扫频速度越快，动态幅频特性峰值越低，灵敏度越低。

（6）动态范围

频谱仪的动态范围是表征它同时显示大信号和小信号频谱的能力，其上限由非线性失真所决定，一般为70~100dB。

知识4 频谱仪的正确使用

目前频谱仪种类繁多，实现的功能也有所不同。如何选择合适的仪器、设置好可调参数值，是正确使用频谱仪的关键。

在使用频谱仪进行测量时，必须根据被观测信号频谱的特点，合理选择频谱仪面板上"扫频宽度"、"分析时间"及"带宽"（即 B_q）等几个控制旋钮。一般现代频谱仪的基本参数均是可调的。下面是使用时的一般原则。

1. 扫频宽度的选择

应根据被测信号的频谱宽度来选择扫频宽度。如要分析一个调幅波，则扫频宽度应大于 $2f_m$（f_m 为音频调制频率），若要观测是否存在二次谐波的调制边带，则应大于 $4f_m$。

2. 扫频宽度的选择

扫频宽度的选择应与静态分辨力 B_q 相适应，原则上宽带扫频可选 $B_q = 150\text{Hz}$，而窄带扫频则选 $B_q = 6\text{Hz}$。一般频带宽度与静态分辨力的对应关系如表6-1所示。

表 6-1 频带宽度与静态分辨力的对应关系

扫频宽度/kHz	选用 B_q/Hz
5~30	150
1.5~10	30
<2	6

3. 扫频速度 v 的选择

v 的选择以获得较高的动态分辨力 B_d 为准则。因为当扫频宽度一定时，选择 v 实际上就是选择分析时间，分析时间越长，则 v 越小，B_d 越接近 B_q，但分析时间不易过长，一般按下面的经验准则：

$$v \leqslant B_q^2$$

实现微处理技术的现代频谱仪能根据被测信号自动设置各项参数，以获得最高的准确度和分辨力。

知识5 频谱分析仪的应用

频谱分析最基本的应用是对系统的频率特性进行分析，频谱分析仪应用范围包括微波通信线站、雷达、电信设备、有线电视系统以及广播设备、移动通信系统、电磁干扰（EMI）的诊断测试、元件测试、光波测量和信号监视等的生产和维护。如利用频谱仪可对手机进行灵敏度的定量测试及比较；配备专用测试软件的频谱仪，可对全球移动通信系统（GSM）进行分析测量；频谱仪还是电磁干扰的测试、诊断和故障检修中用途最广的一种工具。同时，频谱仪不仅在电子测量领域，而且在生物学、水声学、振动、医学、雷达、导航、电子对抗、通信、核科学等方面有着广泛的用途。

具体来说，利用频谱仪可进行下列参数的测试：

1）测量正弦信号的绝对幅值和相对幅值。

2）测量频率、寄生频率分量的绝对频率和相对频率、噪声和频率稳定度参数。

3）测试调幅、调频、脉冲调幅等调制信号。

4）测试脉冲噪声。

5）测试瞬变信号。

6）测试线性网络和非线性网络的幅频特性、非线性失真度、增益或衰减等参数。

7）进行电磁兼容性的测试。

1）什么是频谱分析？为什么需要进行频谱分析？

2）获取频谱的基本方法有哪几种？

3）频谱仪广泛应用在哪些领域，可对哪些具体参数进行测量？

类别	检测项目	评分标准	分值	学生自评	教师评估
任务知识内容	频谱分析的基本概念	掌握概念及意义	20		
	获取频谱的几种方法	理解原理	20		
	不同原理构成的频谱仪	理解其原理	20		
任务操作技能	频谱仪的特性参数、测试对象及应用领域	理解频谱仪的特性、参数、测试对象及应用领域	30		
	安全规范操作	安全用电、按章操作，遵守实训室管理制度	5		
	现场管理	按 6S 企业管理体系要求、进行现场管理	5		

任务三　失真度测量技术和方法

• 理解失真度测量原理和技术。

• 掌握失真度仪的使用方法及基本应用。

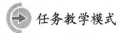

任务教学模式

教学步骤	时间安排	教学方式
阅读教材	课余	自学、查资料、相互讨论
知识讲解	2学时	重点讲授失真度测量原理，失真度仪的应用
操作技能	2学时	通过实训2，掌握失真度测量技术和方法

知识1　失真度测量原理

当信号输入到某一系统时，如果在系统的输出端产生了不同于输入信号频率的其他频率成分，就说输出信号出现了非线性失真（非线性畸变）。对非线性失真的测量，一般采用基波抑制法。

失真度 γ 是非线性失真系数的简称。常用各次谐波电压的均方根值（有效值）与基波电压的有效值之比表示：

$$\gamma = \frac{\sqrt{V_2{}^2 + V_3{}^2 + \cdots + V_n{}^2}}{V_1}$$

式中：V_1 为基波电压有效值，V_2，V_3，…，V_n 分别为 2 次，3 次，…，n 次谐波电压的有效值。

在实际测量中，由于基波电压有效值 V 的测量是比较困难的，而测量信号总电压的有效值很方便，因此，通常是通过测量各次谐波电压的均方根值（有效值）与被测信号总有效值的比值来确定失真度。设比值为 γ'，有

$$\gamma' = \frac{\sqrt{V_2^2 + V_3^2 + V_4^2 + \cdots + V_n^2}}{\sqrt{V_1^2 + V_2^2 + V_3^2 + \cdots + V_n^2}}$$

其中，γ' 与 γ 的关系为

$$\gamma = \frac{\gamma'}{\sqrt{1-\gamma'^2}}$$

$$\gamma' = \frac{\gamma}{\sqrt{1+\gamma^2}}$$

若信号失真不太大（$\gamma' < 30\%$），则可认为

$$\gamma' \approx \gamma$$

失真度的测量原理框图如图 6-20 所示。当转换开关 K 置于"1"位置时，可测出被测信号电压的总有效值；当转换开关 K 置于"2"位置时，基波抑制电路把被测信号中的基波成分滤除（即基波抑制），此时电压表测出的是谐波电压的有效值；两次读数之比即为非线性失真系数。

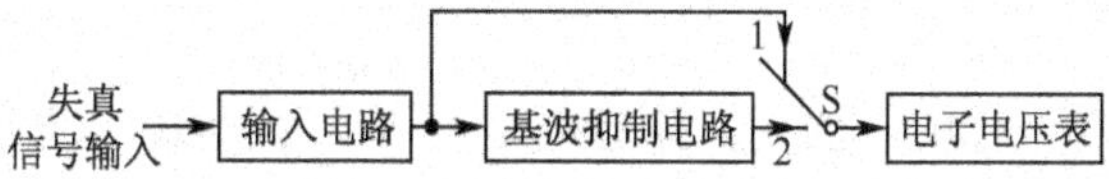

```
失真信号输入 → 输入电路 → 基波抑制电路 →S→ 电子电压表
```

图 6-20　失真度仪简化原理框图

　　每次测量中，开关 K 置于"1"时，调节标准电位器（即失真度仪上的"校准"旋钮），使电压表输出为"1V"，那么当开关 K 置于"2"时，谐波电压的读数就可以直接以失真度来刻度。因此从电压表上读出的读数即是非线性失真系数。

什么是线性失真

　　线性失真是由于系统对不同频率分量的传输系数和相位延迟不同引起。线性失真与非线性失真不同之处在于线性失真不会产生新的频率分量。

知识 2　失真度仪的使用

1. 失真度仪面板结构

　　由于型号不同，失真度仪面板结构有所不同，如图 6-21 所示。以 QF4110 型失真度仪为例，其面板大致可分为如图 6-22 所示的几个部分。

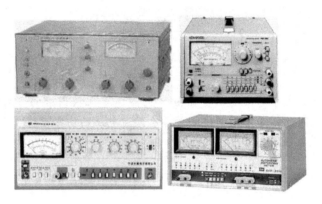

图 6-21　失真度测试仪

2. 失真度仪（QF4110 型）基本使用方法

（1）准备工作

1）仪器在通电之前检查和调整仪表机械零点，零点应正对"0"刻度位置。"校正"、"微调"、"相位"旋钮应在中间位置。输入衰减器和量程开关应在 0dB 位置。

2）仪器通电，指示灯亮。接通驱潮电路（开关安装在后面板），驱潮指示灯亮，预热 30min。关闭驱潮开关，恢复适当时间后，开始测试。

3）完成上述工作后，输入衰减器置于 50dB，量程位置 1000mV，工作开关置于"电压"位置。

（2）电压测量

1）工作开关置于"电压"位置，连接被测信号，调整输入衰减器和量程开关，使指针指示到明显计数位置，读数即为被测电压有效值。

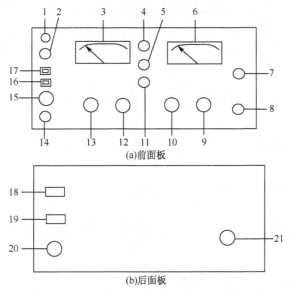

图 6-22　QF4110 型失真度仪面板示意

1-电源指示灯；2-电源开关；3-指示电表（指示测量电压值及失真度）；4-微调旋钮（微调，最大程
度地抑制基波）；5-相位旋钮（调节相位，充分抑制基波）；6-频率度盘（指示频率值）；7-频率度盘
旋钮；8-示波器 BNC 座；9-频率开关；10-工作开关（有"电压"、"校准"及"失真度"三个选
择）；11-校正旋钮；12-量程开关；13-输入衰减器；14-输入 BNC 座；15-输入平衡座；16-平衡阻抗
转换按键；17-阻尼按键；18-驱潮开关；19-电源插座；20-熔断器座；21-接地柱

2）在测试小信号和频率低于 20Hz 的信号时，如指针摆动需要将仪器机壳和被测设备接地连接起来，或在阻尼状态下测试。

（3）失真度测量

1）工作开关置于"电压"位置，测量被测信号电压（范围为 300mV～300V）。

2）工作开关置于"校正"位置，调整"校正"旋钮，使电压表指示为 1000mV。

3）工作开关转到"失真度"位置，调整对应被测信号的频率开关，转动频率度盘旋钮，使表头指针指到最小位置；然后再调整"相位"、"微调"旋钮，使仪表指针指到最小位置。反复调整，可改变量程开关，一直到仪表指针指示到最小读数，此时即为被测信号的失真度。

注意：

1）测量时，应最大限度地滤出基波成分。因此要反复调节"调谐"、"微调"和"相位"旋钮。

2）指针在 10% 以下时不宜旋动"相位"旋钮。

3）调最小指示时，原则上应在刻度盘的 1/3 区域内进行。

（4）信号/噪声比测量

1）将受调被测信号接入 BNC 座，调整输入衰减器，使被测信号电平指示在 0～10dB 之间（表盘为 dB 刻度线）。

2）将工作开关置于"校正"位置，调整"校正"旋钮，使仪表指针指示为 0dB。

3）切断受调被测信号的调制信号（保持受调信号原工作状态），改变量程开关，使仪表指针指示到明显读数位置，读出的数据即为信号的信噪比 dB 值。

议一议

1）低频小信号在放大过程中出现的截止失真和饱和失真是否属于非线性失真？为什么？
2）失真度测量时，反复调节"调谐"、"微调"和"相位"旋钮的作用是什么？
3）试设计对信号源的输出信号失真度进行测量的方案。

评一评

类别	检测项目	评分标准	分值	学生自评	教师评估
任务知识内容	失真度的定义	理解失真度的定义	20		
	失真度测量原理	理解失真度测量原理	20		
任务操作技能	失真度仪的面板结构、各功能键的使用	理解面板结构，熟练掌握各按键及旋钮功能	20		
	失真度仪基本使用方法	熟练掌握失真度仪操作方法、信号失真度测量方法	30		
	安全规范操作	安全用电、按章操作，遵守实训室管理制度	5		
	现场管理	按 6S 企业管理体系要求、进行现场管理	5		

做一做

实训　失真度仪应用实训

一、实训目的

本实训以调幅收音机为例，练习并掌握收音机失真度的测量方法。

二、实训器材

1）QF4110 型失真度测量仪一台；
2）调幅收音机一台；
3）高频信号发生器一台；
4）圆环天线一个。

三、实训内容和步骤

1. 按图 6-23 所示连接电路

需要注意的是，平衡输入和不平衡输入，是根据与信号源的阻抗匹配的不同而设计的。用一般收音机扬声器的两条导线输入，就是属于平衡输入，用电缆线输入是不平衡输入。如果信号源和输入电路之间不匹配（包括阻抗匹配和信号强弱的匹配）就会影响测量结果。由图 6-23 可以看出，输入到测量仪的是平衡式输入信号。

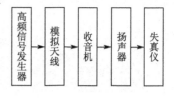

图 6-23　收音机谐波失真测量连接示意

2. 高频信号发生器的调整

调节高频信号发生器的载频为 1MHz，调制频率为 1kHz，调制度为 80%，输出电压为 200mV。

收音机对输入电场强度的要求一般为 10mV/m。当圆环天线与收音机磁棒天线的距离为 0.6m 时，磁棒处的等效电场强度就可以达到 10mV/m（在信号发生器输出电压为 200mV 的情况下）。

3. 调节收音机的输出功率

收音机的音量电位器开到什么位置，即收音机扬声器两端的电压 U 调到多高，这时要看扬声器的标称功率和阻抗。收音机扬声器两端的电压 U 为标称有用功率 N 和阻抗 Z 之积再开方。

具体方法是：先将测量仪的工作开关置于"电压"挡，通过调收音机的音量电位器，使其输出电压为 U（将"平衡输入衰减"置于 0dB）。

4. 测量输出信号的失真度

在上述操作基础上，将失真仪的工作开关置于"校准"挡，按前面介绍的方法将输出信号校准为 1V（保持不衰减）；然后再将开关置于"失真度"，按前面介绍的方法测量收音机输出信号的非线性失真度。收音机的失真度在 5%～15% 之间，即可视为正常。

四、实训数据分析及思考

认真观察和记录实验数据，分析实验中误差产生原因，找出减小误差的方法。

五、实训报告

分析实训数据，总结实训结论，回答思考题。

数字式低失真度测量仪

随着数字化仪器的普及，数字式失真度仪的应用越来越广泛。图 6-24 所示为某型号低失真度测量仪。它是一台数字化的仪器，其失真度测量范围为 0.01%～100%；电压测量范围为：10Hz～550kHz，300μV～300V（不平衡）10Hz～120kHz，300μV～30V（平衡）；频率测量范围 10Hz～550kHz，准确度为（0.1%±2）个字。

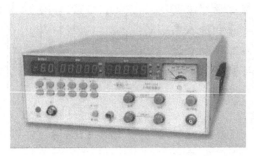

图 6-24 数字式低失真度测量仪

它是一台准智能型的仪器。被测信号的电压、失真度、频率全部由 LED 自动显示，采用真有效值检波，可在电压测量范围为 $300\mu V \sim 300V$，频率范围为 $10Hz \sim 550kHz$ 之内实现全自动测量，失真度测量范围为 $100\% \sim 0.01\%$。在失真度测量方式时实现了宽范围校准，失真度量值既可以随滤波过程自动跟踪显示，也可以用手动衰减器按 10dB 步进跟踪。为了提高测量精度，可以随时用相位调节和平衡调节。该仪器还设置了自动清零功能，目的是为了用户在测量低失真、超低失真时，自动对信噪比进行均方根运算，以减少人工计算的麻烦。该仪器同时具有平衡输入电压和失真度测量的功能，其工作频率范围比老仪器提高了一倍。

项 目 小 结

• 本项目主要讨论频域测量技术及其所用仪器。频域测量内容包括频率特性测量、信号的频谱分析及谐波失真度的测量。

• 电路频率特性的测量方法有点频法和扫频法。扫频测量在频域测量中应用广泛。"扫频"是利用某种方法，使正弦信号的频率随时间按一定规律、在一定范围内反复扫描。常把这种信号称为扫频信号。

• 分析信号所包含的频率分量（即频谱分布）称为信号的频域分析，频谱分析仪是最重要的频域分析仪器。频谱仪分为模拟式与数字式两大类，其中模拟式频谱仪应用最广泛。

• 扫频外差式频谱仪原理包括外差和扫频两种含义。"外差"即本振信号和外来待测信号通过混频器产生差频信号（中频）。"扫频"即本振信号频率是连续改变的。

• 当信号输入到某一系统时，如果在系统的输出端产生了不同于输入信号频率的其他频率成分，我们就说输出信号出现了非线性失真（非线性畸变）。对非线性失真的测量，一般采用基波抑制法。

思 考 与 练 习

1. 什么是时域测量？什么是频域测量？两者测量的对象是什么？

2. 什么是扫频信号源？扫频信号有几种产生方法？

3. 简述扫频仪组成原理。

4. 什么是频谱分析，用频谱分析仪和示波器分析信号有什么不同？各有什么优点？

5. 扫频外差式频谱仪中的"扫频"和"外差"的含义是什么？简述扫频外差式频谱仪组成原理。

6. 简述失真度的测量方法。

项目七

数据域测试技术

  随着电子技术的飞速发展，超大规模集成电路和微处理器在电子仪器设备中迅速普及起来。计算机等电子设备的体积和价格不断下降，而功能和可靠性不断增强。在如此精密的电路中，任何一个电子器件不能正常工作都会对整个设备产生影响。为了解决数字设备、计算机及超大规模集成电路在研制、生产和检修过程中所要进行的测试工作，一种新的测试技术应运而生，我们把这种新的测试技术称为数据域测试技术。

  逻辑分析仪是数据域测量最典型、最有用的测试仪器。

  考虑到教学要求、学生专业基础等原因，本项目仅对数据域测试技术和逻辑分析仪进行简要介绍。

知识目标

- 理解数据域测试技术。
- 了解数据域测试常用仪器设备。
- 理解逻辑分析仪的组成和原理。

技能目标

- 了解数据域测试常用仪器设备的应用。
- 理解逻辑分析仪的应用。

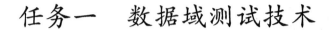
任务一　数据域测试技术

任务目标

- 了解数据域测试基本概念。
- 理解数据域测试的方法。
- 理解数据域测试的步骤。

任务教学模式

教学步骤	时间安排	教学方式
阅读教材	课余	自学、查资料、相互讨论
知识讲解	2 学时	重点讲授数据域测试基本概念，数据域测试的方法，数据域测试的步骤
操作技能		采用多媒体课件课堂演示

读一读

知识1　数据域测试基本概念

1. 数字逻辑电路的特点

数字逻辑电路是数据域测量面向的对象，这类电路的特点是以二进制的方式来表示信息。多位0、1数字的不同组合可以表示具有一定意义的信息。在每一特定时刻，多位0、1的组合称为一个数据字，数据字随时间的变化按一定的时序关系形成了数字系统的数据流。

与模拟系统及其测试系统相比较，数字逻辑电路具有如下特点。

（1）被测信号持续时间短

数字信号是脉冲信号，各通道信号的前边沿很陡，其频谱分量十分丰富。

（2）被测信号故障定位难

数字系统故障的判别往往是依据信号间的时序和逻辑关系是否正常来确定的，数字信号经常在总线中传输。一个字符、一个数据、一组信息及一条指令由按一定编码规则的多位数据组成。多个器件都同样地"挂"在总线上，依靠一定的时序节拍脉冲同步其工作情况。这些都给被测信号故障定位带来困难。

（3）被测信号的非周期性

数字设备的工作是时序的，在执行一个程序时，许多信号只出现一次；某些信号可能重复出现，但并非时域上的周期信号。

（4）信息传递方式多样化

数字信号的传递方式可以有串行方式和并行方式，传输形式有同步和异步。

（5）外部测试点少

测试时需要从外部有限测试点和结果推断内部过程或状态。

另外，数字系统通常是带有微型计算机系统的。数据域测试还具有响应和激励间不是线性关系，微机化数字系统的软件常常导致异常输出，系统内部事件的故障一般不会立即在输出端表现出来，故障不易捕获和辨认等特点。

所有这些因素，都给数字系统的测试和分析带来极大的困难，也因此形成了数字系统与模拟系统测试分析的技术和方法上的重大差别。

2. 数据域测试的目的

数据系统的测试包括静态测试和动态测试，测试的目的有以下两个。

1）故障侦查/检测：判断被测电路中是否存在故障，又称为合格/失效测试。

2）故障定位：查明故障原因、性质和产生的位置。

知识 2 数据域测试的方法

对数字系统进行测试的基本做法是：从输入端加激励信号，观察由此产生的输出响应，并与预期的正确结果进行比较，一致则表示系统正常，不一致表示系统有故障。数据域测试的方法目前一般分为四种：穷举测试法、功能测试法、结构测试法和随机测试法。

1. 穷举测试法

穷举测试法是对输入的全部组合进行测试。如果对所有的输入信号，输出信号的逻辑关系都正确，则这个数字电路就是正确的；如果输出的逻辑关系不正确，这个数字电路就是错误的。如"任务设置"中的例子就属于此法。

穷举测试法的优点是对非冗余组合电路中的故障提供100％的覆盖率，生成测试简单。缺点是对多输入电路，测试时间过长，该方法适于较简单的数字电路，如分立元件电路、中小规模集成电路、简单的数字设备，一般用于主输入不超过20个的逻辑电路。

2. 功能测试法

指验证被测电路的功能，适于 LSI、VLSI 以及微处理器等复杂数字系统的测试。

3. 结构测试法

建立故障表，生成最小完备测试集，是最常用的方法。

4. 随机测试法

如图 7-1 所示，由随机测试矢量产生电路随机地产生输入可能的几种组合数据的数据流序列，同时加到被测电路和已知功能完好的参考电路中，对两种电路的输出响应进行比较，根据比较结果，给出"合格/失效"的指示。

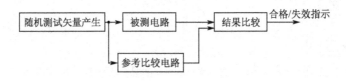

图 7-1 随机测试示意图

知识 3 数据域测试的步骤

数据域测试步骤一般分三个阶段进行：测试生成、测试评价和测试实施。

测试生成阶段产生满足故障覆盖要求的测试图形或测试码；测试评价阶段评价产生的测试图形的有效性；测试实施阶段则利用测试仪把测试码加到实际的被测电路，同时检测电路响应，通过分析和比较给出测试结果。图 7-2 所示为一数据域测试系统的简化框图。

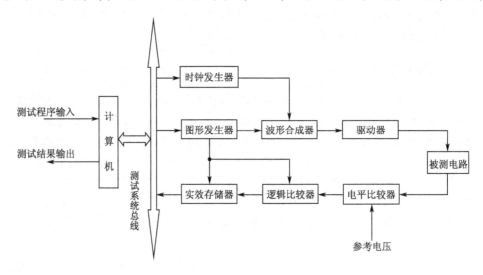

图 7-2 数据域测试系统简化框图

利用该系统进行测试的过程是：首先由输入设备输入测试程序，计算机将测试条件经测试系统总线送往各测试部件；图形发生器按程序要求产生测试图测试；图形和时钟脉冲一起送到波形合成器，形成所需的测试信号并加到驱动器，使之放大到被测电路需要的电平值；放大后的信号加到被测电路，使其输出响应在电平比较器中与参考电平进行比较；比较后得到的实效数据存入实效存储器内，由计算机进行分析处理，最后输出测试结果。

议一议

回顾专业基础课程中对数字电路进行测试的技术和方法，谈谈你对数据域测试方法的理解。

任务二　数据域测试常用仪器设备

 任务目标

- 了解数字系统静态测试常用仪器。
- 了解逻辑分析仪的分类、组成及工作原理。

任务教学模式

教学步骤	时间安排	教学方式
阅读教材	课余	自学、查资料、相互讨论
知识讲解	2学时	重点讲授数字系统静态测试常用仪器，逻辑分析仪的分类、组成及工作原理
操作技能	2学时	采用多媒体课件课堂演示和实训完成技能训练

 **读一读**

知识1　数字系统静态测试常用仪器

对于一般的逻辑电路，如分立元件、中小规模集成电路及数字系统的部件，可以利用万用表、示波器、逻辑笔、逻辑比较器和逻辑脉冲发生器等简单而廉价的数据域测试仪器进行测试。

1. 万用表

数字系统的静态测试常用的仪表是万用表。它可以用来测量微机系统中各种模拟量的大小，例如 A/D 转换器的输入、D/A 转换器的输出等。数字电压表也可以看作一种静态测试仪器。

2. 示波器

示波器是数字系统调试及维修中最基本的测试仪器。一般，普通示波器都可以用于测试脉冲的各种参数，并可以比较两个输入信号的波形、相位、幅度及其相互关系。

3. 逻辑笔和逻辑夹

逻辑笔（见图7-3）结构简单，使用方便。逻辑笔中有一个用于指示状态的发光二极管，它可以很容易测量出电路某一点的状态是高电平逻辑"1"、低电平逻辑"0"或脉冲。

逻辑笔在同一时刻只能显示一个被测点的状态，而逻辑夹（见图7-4）可以同时显示多个端点的逻辑状态。

图 7-3 逻辑笔及其使用示意

图 7-4 逻辑夹

知识 2 数字系统静态测试用逻辑分析仪

动态测试数字系统的动态特性时，可选用多通道的示波器，而且，通常要用到特征分析仪和逻辑分析仪等数据域测试仪器。对复杂的大规模集成电路的测试以及对微处理器和微型计算机系统的测试主要使用逻辑分析仪。

1. 逻辑分析仪的分类

逻辑分析仪是数字设计验证与调试过程中非常出色的工具，它能够检验数字电路是否正常工作，并帮助用户查找并排除发生的错误。它每次可捕获并显示多个信号，并分析这些信号的时间关系。逻辑分析仪是数字电路设计中不可缺少的设备，通过它，可以迅速地定位错误，观察分析用户板上电路工作情况，解决问题，达到事半功倍的效果。

逻辑分析仪按工作特点可分为以下两种。

1) 逻辑状态分析仪：状态表方式显示被检测的逻辑状态，且由被测系统提供采集数据的时钟。

2) 逻辑定时分析仪：用定时图形方式显示被测信号，且由逻辑分析仪自己提供采集数据的时钟脉冲。

绝大多数逻辑分析仪都由定时分析仪和状态分析仪这两个主要部分组成。

根据硬件设备设计上的差异，目前市面上逻辑分析仪大致上可分为独立式（或单机型）逻辑分析仪和需结合计算机的 PC-based 卡式虚拟逻辑分析仪，如图 7-5 所示。独立式逻辑分析仪是将所有的测试软件、运算管理元件整合在一台仪器之中；卡式虚拟逻辑分析仪则需要搭配计算机一起使用，显示屏也与主机分开。

2. 逻辑分析仪的基本组成和工作原理

逻辑分析仪的基本组成如图 7-6 所示，它主要包括数据捕获和数据显示两大部分。

"数据捕获"部分用来捕获并存储要观察的数据。其中，"输入变换"电路将各通道的输入变换成相应的数据流；"触发产生"部分则根据数据捕获方式，在数据流中搜索特定的数据字。当搜索到特定的数据字时，就产生触发信号去控制数据存储器开始存储有效数据或停止存储数据，以便将数据流进行分块（数据窗口）。

"数据显示"部分则将存储在存储器里的有效数据以多种显示方式显示出来，以便对捕获的数据进行分析。

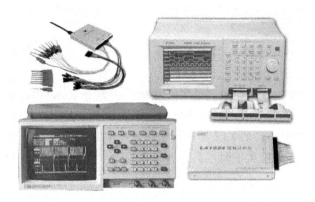

图 7-5　逻辑分析仪

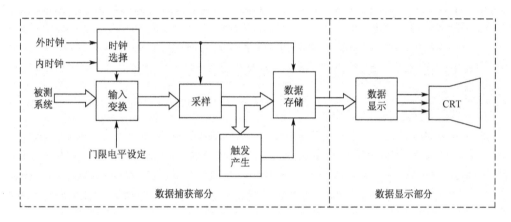

图 7-6　逻辑分析仪基本组成

整个系统的运行，都是在外时钟（同步）和内时钟（异步）的作用下实现的。

可以看出，逻辑分析仪的工作同样也是由数据捕获和数据显示两个工作周期完成的。下面简要介绍数据捕获和数据显示的工作原理。

（1）逻辑分析仪的数据捕获

"数据捕获"部分的作用是在测试的数据流中开个窗口，把有分析意义的数据存入逻辑分析仪的存储器中。捕获部分由输入探头、触发产生和数据存储三部分组成。

输入探头分为数据探头和时钟探头，其电路原理基本相同，用于捕获输入信号。数据的捕获方式有两种：取样模式和锁定模式。

（2）逻辑分析仪的触发

逻辑分析仪可以同时采集多路信号，便于对被测系统正常运行的数据流的逻辑状态和各信号间的相互关系进行观测和分析。为了能在较小的存储容量范围内，采集和存储所需观测点前后变化的波形，逻辑分析仪设有多种触发方式。在进行数字信号观测时，必须正确选择触发方式。逻辑分析仪的触发方式指由一个事件来控制数据获取，即选择观察窗口的位置，常有以下几种。

1）组合触发。逻辑分析仪具有"字识别"触发功能，操作者可以通过仪器面板上的"触发字选择"开关，预置特定的触发字，被测系统的数据字与此预置的触发字相比较，当二者相等时产生一次触发。

2) 手动触发。无条件的人工强制触发，因此观察窗口在数据流中的位置是随机的。

3) 延迟触发。在故障诊断中，常常希望既能看到触发点前的情况，又能看到触发点后的情况，这时则可设置一个延迟门，当捕获到触发字后，延迟一段时间后再停止数据的采集，则存储器中存储的数据就包括了触发点前后的数据。

4) 序列触发。多个触发字的序列作为触发条件，当数据流中按顺序出现各个触发字时才触发。

5) 限定触发。限定触发是对设置的触发字加限定条件的触发方式。

6) 计数触发。较复杂的软件系统中常常有嵌套循环的情况存在，在逻辑分析仪的触发逻辑中设立一个"遍数计数器"，那么就能针对某次需观察的循环进行跟踪，而对其他各次循环不进行跟踪。

7) 毛刺触发。利用滤波器从输入信号中取出一定宽度的脉冲作为触发信号，可以在存储器中存储毛刺出现前后的数据流，有利于观察和寻找由于外界干扰而引起的数字电路误动作的现象和原因。

（3）逻辑分析仪的数据存储

逻辑分析仪按"先进先出"方式存储。通常将数据存入随机存储器（RAM）中。因而，数据是按写地址计数器规定的地址向 RAM 中存入数据。每当写时钟脉冲到来时，计数器值加 1，并循环计数。每一个时钟脉冲到来时，采样部分每捕获一个新的数据，存储器也存入一个新的数据。存储器存满数据后继续写入数据时，首先存入的数据因新的数据的存入而被冲掉。

（4）逻辑分析仪的数据显示

逻辑分析仪将被测信号用数字形式写入存储器以后，测量者可以根据需要通过控制电路将内存中的全部或部分数据稳定地显示在屏幕上。逻辑分析仪提供了多种显示数据的方式，以满足对数字系统硬件与软件的测量和维修功能。基本的显示方式有两种：一种是用于硬件分析的定时图形显示方式，另一种是用于软件分析的状态表显示方式。

1) 定时图形显示：用于逻辑定时分析仪。它把被测信号显示成一个时间关系图，并以逻辑电平把每个通道已存入的数据显示在屏幕上。高电平表示 1，低电平表示 0，它是在定时仪内时钟采样点上的逻辑电平，因此，定时图形显示的波形是伪波形。这种方式可以将存储器的全部数据按通道顺序显示出来，也可以改变通道顺序显示，便于进行比较和分析。图 7-7（a）所示是定时图形显示的例子。

2) 状态表显示方式：状态表显示方式用于逻辑状态分析仪。它用字符等形式组成各种表格来显示存入的数据。显示时可使用二进制、

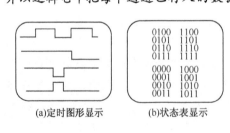

(a)定时图形显示　　(b)状态表显示

图 7-7　逻辑分析仪的显示

八进制、十进制或十六进制等数据形式。图 7-7（b）所示为一种简单的二进制状态表显示的例子。

3. 逻辑分析仪的应用

逻辑分析仪的应用是将被测系统接入逻辑分析仪，使用逻辑分析仪的探头检测被测系统的数据流，逻辑分析仪的探头是将若干个探极集中起来，其触针细小，以便于探测高密度集成电路。其应用体现在以下几个方面。

（1）数字集成电路测试

将数字集成电路芯片接入逻辑分析仪中，利用适当的显示方式，得到具有一定规律的图像。如果显示不正常，可以通过显示其中不正确的图形，找出逻辑错误的位置。如 A/D 转换器功能的测试、ROM 特性测试等。

（2）微处理器测试

在微机系统中，微处理器的数据总线、地址总线和控制总线之间的时序关系对系统的可靠性是十分重要的。由于逻辑分析仪具有多个输入通道，因此可同时将三组总线的信息进行采集、显示，从而得出其定时关系。

（3）数字系统软件测试

用逻辑分析仪测试数字系统软件，主要是在跟踪数据流时，如何有选择地捕获有效数据，即如何设置正确的触发字和触发方式，建立合适的数据显示窗口。

4. 逻辑分析仪使用方法

1）以 Flyto L-100 逻辑分析仪为例，如图 7-8 所示，连接测试信号到逻辑分析仪，然后将逻辑分析仪设备与计算机连接，并启动相应的软件。这时，逻辑分析仪的工作参数使用的是默认设置（100MHz 采样，立即启动和不自动停止）或保留设置。可根据需要改变设置，然后点击工具栏上的启动按钮，即可对信号进行采样。

2）在采样过程中，跟踪计数器窗口会动态显示变化，直到最后溢出为止（显示为红色）。

3）逻辑分析仪停止跟踪后，在波形窗口中将会看到数据，此时可以使用游标点和测点对波形进行测量和分析。

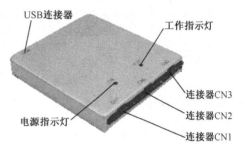

图 7-8　某型号逻辑分析仪外观示意

议—议

万用表和示波器在数据域测试领域的应用与时域测量有什么不同？

评一评

类别	检测项目	评分标准	分值	学生自评	教师评估
任务知识内容	数据域测试技术	理解数据域测试技术	10		
	数据域测试常用仪器设备	了解数据域测试常用仪器设备	10		
	逻辑分析仪的组成和原理	理解逻辑分析仪的组成和原理	20		
任务操作技能	数据域测试常用仪器设备的应用	了解数据域测试常用仪器设备的应用	20		
	逻辑分析仪的应用	理解和初步掌握逻辑分析仪的应用	30		
	安全规范操作	安全用电、按章操作，遵守实训室管理制度	5		
	现场管理	按 6S 企业管理体系要求，进行现场管理	5		

做一做

实训 逻辑分析仪的应用实训

一、实训目的

掌握逻辑分析仪的基本应用。

二、实训器材

1) 逻辑分析仪一台（单机型）；
2) 三输入与非门离线数字芯片一片，导线若干。

三、实训过程

1) 正确连接逻辑分析仪和被测芯片。
2) 正确连接电源线。
3) 运用逻辑分析检测离线数字芯片时序图，并记录、分析波形的正确性。

四、实训报告

1) 认真记录时序图，力求准确。
2) 分析波形的正确性。

项 目 小 结

● 数据域测试能分析各种信号的时序和逻辑关系，并能捕获单次信号和非周期信号。

● 逻辑分析仪是一种类似于示波器的波形测试设备，它可以监测硬件电路工作时的逻辑电平（高或低），并加以存储，用图形的方式直观地表达出来，便于用户检测、分析电路设计（硬件设计和软件设计）中的错误，逻辑分析仪是设计中不可缺少的设备，逻辑分析仪主要由数据捕获和数据显示两部分组成。整个系统的运行，都是在外时钟或内时钟的作用下实现的。

思考与练习

1. 什么是数据域测量？数据域测试有什么特点？
2. 数据域测试有哪些基本方法？
3. 数据域测试常用仪器设备有哪些？
4. 试简述逻辑分析仪的工作原理。
5. 逻辑分析仪主要应用在哪些方面？

项目八

测量技术在电子产品检验中的应用

　　作为一名职业学校的学生，通过专业知识的学习和专业技能的训练，大部分毕业生都走向了电子工业企业的生产一线，从事电子产品的装配、调试、检验或维修工作。无论是上述的哪一项工作，都离不开电子测量和测试技术。尤其是电子产品的调试和检验工作，正是电子测量和测试技术在生产中的具体应用。本项目以电子整机产品（语言复读机）电性能检验内容为例，简要介绍测量技术在电子产品检验中的应用。

知识目标

- 了解电子产品检验的基础知识。
- 理解电子产品检验的一般工艺。
- 理解语言复读机电性能指标检验的操作规程。

技能目标

- 能正确掌握语言复读机电性能指标检验时各种常用测量仪器的操作技能。
- 能按照操作规程的要求，独立完成复读机主要电性能指标的检验测试工作。
- 能按照电子产品检验工艺要求，填写各项质量记录，报告项目检验结果，出具产品检验报告。

任务一 电子产品检验的基本知识

任务目标

- 理解电子产品检验的概念。
- 了解电子产品检验的形式。
- 理解电子产品检验的活动内容。

任务教学模式

教学步骤	时间安排	教 学 方 式
阅读教材	课余	自学、查资料、相互讨论
知识讲解	1学时	重点讲述电子产品检验概念及活动内容
操作技能	2学时	结合电子企业检验岗位图片及影像资料，采用多媒体课件课堂演示的方法进行；或实地参观考察电子企业生产线检验岗位工作形式和内容

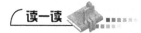**读一读**

知识1 电子产品检验的形式

电子产品检验是企业的一项重要工作，它贯穿于产品生产全过程。检验工作应执行自检、互检和专职检验相结合的三级检验制。一般所讲的检验工作主要是指专职检验工作，即由企业的质量部门按标准规定的测试手段和方法，对原材料、元器件、零部件和整机进行的质量检测和判断。

电子产品检验形式可按不同的情况或从不同的角度进行分类，如表8-1所示。

表8-1 电子产品质量检验方式和方法分类

类 型	检验方式	特 征
按生产程序	进货检验	对外购原材料、外协件、配套件进行的入厂检验
	工序检验	产品加工过程中，每道工序完工后或数道工序完工后的检验
	成品检验	车间完成本车间全部加工或装配程序后，对半成品或部件的检验；电子产品生产企业对成品（整机）的检验
按检验地点分	固定检验	把产品、零件送到固定的检验地点进行的检验
	巡回检验	在产品加工或装配的工作现场进行的检验

续表

类 型	检验方式	特 征
按检验样品分	全数检验	对应检验的产品、零部件进行逐件全部检验，一般只对可靠性要求特别高的产品（如军工品）、试制产品及在生产条件、生产工艺改变后生产的部分产品进行全检
	抽样检验	对应检验的产品、零部件，按标准规定的抽样方案，抽取一定样本数进行检验、判定
	免检	对经国家权威部门产品质量认证合格的产品或信得过产品在买入时无试验检验，接收与否可以以供应方的合格证或检验数据为依据
按检验人员分	专职检验	由专职检验人员进行的检验，一般为部件、成品（整机）的后道工序
	自检	操作人员根据本工序工艺指导卡要求，对自己所装的元器件、零部件的装接质量进行检验；或由班组长、班组质量员对本班组加工产品的检验
	互检	同工序工人互相检验或下道工序对上道工序的检验
按检验性质分	非破坏性检验	经检验后，不降低该产品的价值的检验
	破坏性检验	经检验后，无法使用或降低了价值的检验

知识2　电子产品检验活动内容

电子企业质量检验的主要活动内容有两方面：一是产品检验和试验，二是质量检验的管理工作。

1. 产品的检验和试验

电子工业企业里的产品检验是企业实施质量管理的基础。检验工作的主要目的是"不允许不合格的料件进入下一道工序"。通过检验工作，可以了解企业产品的质量现状，以采取及时的纠正措施来满足用户的需求。电子企业的产品检验工作按照生产过程的不同阶段和检验对象不同划分为原材料、元器件、零部件和配套分机等的进货检验、流水生产工序中的过程检验和整机检验。

2. 质量检验的管理工作

为了保证质量管理体系的正常有效运行，必须做好质量检验的管理工作。其工作内容主要包括以下三项。

1）编制和实施质量检验和试验计划。其中包括编制质量检验计划，设计检验流程，编制检验规程，制定质量检验技术管理文件，设置检验站（组），配备人、财、物等资源。

2）不合格品的管理。

3）质量检验记录、检验状态标识、检验证书、印章的管理。

总之，只有同时做好电子产品的检验和试验工作及质量检验的管理工作，才能真正保证：只有合格的原材料、外购件才能投入生产，只有合格的零部件才能转入下道工序或组装，只有合格的产品才能出厂或送到用户手中。

1) 你如何理解产品检验的质量管理工作，谈谈它在质量检验中的地位。

2) 举例说明全数检验、抽样检验和免检这三种检验方式在实际中生活中的意义。

类别	检测项目	评分标准	分值	学生自评	教师评估
任务知识内容	电子产品检验的概念	理解电子产品检验的概念	30		
	电子产品检验的形式	了解电子产品检验的形式	20		
	电子产品检验的活动内容	理解电子产品检验的活动内容	20		
任务操作技能	进行电子产品检验应具备的基本技能	理解进行电子产品检验应具备的基本技能	20		
	安全规范操作	安全用电、按章操作，遵守实训室管理制度	5		
	现场管理	按6S企业管理体系要求，进行现场管理	5		

任务二　电子产品检验工艺

任务目标

- 理解电子产品检验一般工艺。
- 了解电子产品整机检验的基本内容。
- 理解检验规程的意义，掌握检验规程的具体内容和实施。
- 理解掌握检验质量记录的内容和格式。

 任务教学模式

教学步骤	时间安排	教学方式
阅读教材	课余	自学、查资料、相互讨论
知识讲解	1学时	重点讲解电子产品检验一般工艺；电子产品检验规程及检验质量记录
操作技能	2学时	结合当前电子企业质量检验一般工艺要求，并联系企业真实的检验操作规程，采用多媒体课件课堂演示的方法进行；或实地参观考察电子企业生产线检验岗位工作内容，查看检验操作规程和各项质量记录的填写情况

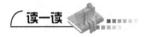

知识 1 电子产品检验的一般工艺

在工业生产中将各种原材料、半成品加工成产品的方法和过程，称为工艺；形成的技术性文件称为工艺文件。

电子产品的检验工艺一般可分为三个部分：元器件检验工艺、装配过程检验工艺、整机检验工艺。电子产品一般检验工艺流程及常用检验方法如图 8-1 所示。

图 8-1 电子产品检验工艺一般流程及常用方法

检验工艺规范主要依据产品的设计和生产工艺、相关的国际标准、国家标准、行业标准、地方标准、企业标准等文件及资料来制定。主要内容如下。

1) 检验项目：根据设计文件和工艺文件标准等文件及资料的要求制定。

2) 技术要求：根据确定的检验项目对应制定出检验的技术要求。

3) 检验方法：根据检验的技术要求，按照规定的环境条件、测量仪表、工具和设备条件，对规定的技术指标、按照规定测量方法进行检验。

4) 检验方式：有全数检验和抽样检验两种。

5) 缺陷分类：重缺陷和轻缺陷。

6) 缺陷判据：按照国家标准 GB/T2828.1—2003《计数抽样检验程序第 1 部分：按接收质量限（AQL）检索的逐批检验抽样计划》和 GB/T2829—2002《周期检验计数抽样程序及表（适用于对过程稳定性的检验）》判定。

知识 2 整机检验

整机检验是检查产品经过总装、调试之后是否达到预定功能要求和技术指标的过程。整机检验主要包括直观检验、功能检验和对整机主要技术指标进行测试等内容。

直观检验项目有：产品是否整洁；面板、机壳表面的涂层及结构件、铭牌标识等是否齐全，有无损伤；产品的各种连接装置是否完好；合金构件有无锈蚀；量程覆盖是否符合要求；转动机构是否灵活、控制开关是否到位等；功能检验是对产品设计所要求的各项功能进行检查。不同的产品有不同的检验内容和要求。测试产品的性能指标是整机检验的主要内容之一。通过检验查看产品是否达到了国家或企业的技术标准，现行国家标准规定了各种电子产品的基本参数及测量方法。检验中一般只对主要性能指标进行测试。

对电子整机产品生产企业而言，整机检验也称成品检验，检验类型一般分为三种，即交收试验、定型试验和例行试验。

1. 交收试验

交收试验是在产品出厂交付用户时，选择部分项目进行检验和试验。为保证产品的质量和企业的市场竞争能力，质量检验监督在交收试验时应进行监督检查，订货方可派代表参加。检验结果将作为确定产品能否出厂的依据。检验内容包括常温条件下的开箱检查项目和常温条件下的安全、电性能、机械性能等检验。

2. 定型试验

产品在设计定型和生产定型后应进行定型检验，以验证生产企业是否有能力生产符合产品标准规定的产品。

检验内容除包括交收试验的全部项目外，还应包括环境试验、可靠性试验、安全性试验和电磁兼容性试验等（为了保护用户、消费者人身安全和合法利益，环境试验、可靠性试验、安全性试验和电磁兼容性试验均为国家强制执行标准）。试验时可在试制样品中按照国家抽样标准进行抽样，或将试制样品全部进行。试验目的主要是考核试制阶段中试制样品是否已达到产品标准（技术条件）的全部内容。定型试验目前已较少采用，多采用技术鉴定的形式。

3. 例行试验

例行试验内容与定型试验的内容基本相同。一般在下列情况之一时进行。

1) 正常生产过程中，定期或积累一定产量后，应周期性进行例行试验。

2) 长期停产后恢复生产时，出厂检验结果与上次型式检验有较大差异时，应进行例行试验。

3) 国家质量监督机构提出进行例行试验的要求。

例行试验检验项目有电性能参数测量、安全检验、可靠性试验、环境试验、电磁兼容性试验等。

以上所述产品检验实施过程，均要按企业形成文件的检验和试验程序、质量计划、检验和试验规程等检验工艺文件的具体要求下进行。

知识3　检验规程（检验指导书）

检验规程又称检验指导书，是产品生产制造过程中，用以指导检验人员正确实施对产品和工序的检查、测量、试验的技术文件。其目的是为重要零部件和关键工序的检验活动提供具体操作指导，其特点表述明确，操作性强；其作用是使检验操作达到统一、规范，使检验人员按检验规程规定的内容、方法和程序进行检验，保证检验工作的质量，有效地防止错检、漏检等现象发生。

检验规程是进行检验工作的依据，是检验人员平时工作中接触到最多的检验工艺文件，因此，理解检验规程的意义，掌握检验规程的具体内容和实施，是每一个检验人员必备的能力。

检验规程常常以检验指导书的形式出现，内容一般应包括：检测内容及技术要求、测试仪器、设备和量具、测试方法、抽样方案、样本大小、判定规则、必要的示意图、注意事项等，以指导检验人员开展检验工作。作为关键步骤的补充，有的企业的检验操作规程除了操作指导书外，还增加了作业注意书。

知识4 电子产品检验质量记录

质量记录是质量体系文件最基础的组成部分，是质量活动的真实记载，是对满足质量要求的程序提供的客观依据，是反映产品质量及质量体系运作情况的记载。电子产品检验质量记录包括检测数据原始记录、检验报告以及仪器设备使用状况记录（包括仪器设备使用管理记录和仪器设备故障及维修记录）。表 8-2～表 8-5 是某企业复读机主要电性能指标检验质量记录格式范例。

表 8-2（a）　检测原始记录格式范例（1）

检验编号：×××××××××

×××型复读机

检测原始记录

×××× 电子有限责任公司

表 8-2（b） 检测原始记录格式范例（2）

检 测 原 始 记 录

产品名称、样品编号_____　规格型号_____

检验依据_____　检验仪器_____

检验环境_____　检验日期_____

序号	检验项目	单位	技术要求	检验结果		
				#1	#2	#3

检测地点_____　　　测试员_____

表 8-2（c） 检测原始记录格式范例（3）

使用设备仪器清单

序号	名 称	规格型号	设备仪器编号	计量有效日期	备 注

表 8-3（a）　检验报告格式范例（1）

×× 检字第　　　　　　号

检 验 报 告

产品名称＿＿＿＿＿＿＿＿

商标型号＿＿＿＿＿＿＿＿

×××××电子有限责任公司

表 8-3（b）　检验报告格式范例（2）

××××电子有限责任公司
检 验 报 告

共　页　第　页

样品名称		规格型号	
抽样方式		样品数量	
生产日期		检验日期	
依据标准			
检验项目			
检验概况			
检验结论			

（检验专用章）

年　月　日

备注			

批准：＿＿＿＿＿　　检测：＿＿＿＿＿　　记录：＿＿＿＿＿

表8-3（c）　检验报告格式范例（3）

××××电子有限责任公司
检 验 报 告

报告附页　共　　页　第　　页

序号	检验项目	检验标准要求	计量单位	检验结果	单项结论

检测：_____　　记录：_____　　检验日期：_____

表8-4 仪器设备使用管理记录格式范例

仪器设备使用管理记录

仪器设备名称＿＿＿＿＿＿＿＿＿＿＿＿＿＿　　　　型　号＿＿＿＿＿＿＿＿＿

仪器设备编号＿＿＿＿＿＿＿＿＿＿＿＿＿＿　　　　保管人＿＿＿＿＿＿＿＿＿

日　期	用　途	实际使用时间	设备状态	使用人	备　注

注：实际使用时间以设备实际开机时间的小时数为准。

表 8-5　仪器设备故障及维修记录格式范例

仪 器 设 备 故 障 及 维 修 记 录

仪器设备名称＿＿＿＿＿＿＿＿＿＿＿　　型　号＿＿＿＿＿＿＿＿＿＿＿

仪器设备编号＿＿＿＿＿＿＿＿＿＿　　保管人＿＿＿＿＿＿＿＿＿＿＿

使用人		日期	
故障现象			签　名： 年　月　日
故障原因			签　名： 年　月　日
维修记录			签　名： 年　月　日
验收确认			签　名： 年　月　日

1）谈谈你对电子产品检验一般工艺的理解。

2）什么是整机检验？它的基本内容有哪些？

3）检验规程一般包括哪些内容，在实际中如何按规程操作？

4）电子产品检验的质量记录一般包括哪些内容？谈谈质量记录在质量检验活动中的重要性。

类别	检测项目	评分标准	分值	学生自评	教师评估
任务知识内容	电子产品检验一般工艺	理解电子产品检验一般工艺	20		
	电子产品整机检验的基本内容	了解电子产品整机检验的基本内容	20		
	检验规程	理解检验规程的意义，掌握检验规程的具体内容和实施	20		
任务操作技能	检验质量记录	理解掌握检验质量记录的内容和格式	20		
	检验工艺、检验操作规程和检验质量记录	理解检验工艺、检验操作规程和检验质量记录，并能按操作规程进行检验，填写检验质量记录	30		
	安全规范操作	安全用电、按章操作，遵守实训室管理制度	5		
	现场管理	按6S企业管理体系要求，进行现场管理	5		

任务三 语言复读机主要电性能指标检验

任务目标

- 理解复读机录/放音部分主要性能参数的含义及技术要求。
- 理解检验测量仪器、设备的选用及参数要求。
- 理解并掌握复读机检验规程，能按检验操作指导书和作业注意书的要求进行检验测试。
- 能正确填写各项质量记录，并提交完整的检验报告。
- 完成复读机检验实训。

任务教学模式

教学步骤	时间安排	教学方式
阅读教材	课余	自学、查资料、相互讨论
知识讲解	2学时	重点讲解复读机录/放音部分主要性能参数测试方法和技术，指导学生正确填写质量记录
操作技能	6学时	实训1 语言复读机放音通道带速误差测试 实训2 复读机抖晃率测试 实训3 复读机放音通道频率响应测试 实训4 复读机放音通道信噪比测试 实训5 复读机放音通道谐波失真测试 采取学生操作、老师指导的方式进行

知识1 复读机录/放音部分主要性能参数

复读机性能参数反映了复读机在正常使用情况下磁带放音、录音是否清晰、准确，有无变调、杂音，复读时间是否够长，复读后的音质是否理想等。复读机一般分录放音性能参数、复读/跟读性能参数两个部分。为配合实训部分，现简要介绍以下几个主要参数的含义。

（1）带速误差

带速误差表示录音机实际带速（一段时间内平均带速）对额定带速（标准带速）的偏差，以百分数表示。

（2）抖晃率

抖晃是指磁带瞬时波动，即带速不稳，走带忽快忽慢，致使放音时音调发生瞬时变化，听起来感觉声音在颤抖，含混不清。抖晃率用来衡量录音机实际走带时磁带不规则运动的程度，把磁带不规则运动引起的寄生调频作为附加频偏，附加频偏与规定中心频率之比的百分比定为抖晃率。

（3）信噪比

信噪比分全通道信噪比和放音通道信噪比。

全通道信噪比是指：音频信号通过录音机录音和放音全过程后，输出信号电平和噪声电平之比（分贝值）。信噪比越大，录音机放音时噪声越小。

（4）谐波失真

谐波失真指原有频率的各种倍频的有害干扰。

（5）录音机频率响应

频率响应又称幅频响应、幅频特性。人耳能听到的频率范围是 $20\,\mathrm{Hz} \sim 20\,\mathrm{kHz}$，所以主机的音频响应范围应该至少达到这个范围。

另外，复读部分还有复读时间允差、信噪比、频率响应和谐波失真等参数，其含义与录放音部分相似，测试方法也基本一样，不同的是选择的测试状态不同，复读部分在复读时测试，录放音部分在录放音时测试。

复读机录放音部分主要性能参数及要求如表8-6所示。

表8-6　复读机录放音部分主要性能参数

序号	基本参数			性能要求			
1	带速误差			±3%			
2	抖晃率			≤0.5%			
3	参考频率			315Hz			
4	频率响应 /Hz	放音通道		f_1	f_2	f_3	f_4
				125	250	4000	6300
		全通道		f_1	f_2	f_3	f_4
				250	500	2000	4000
5	信噪比 （A计权） /dB	全通道	双迹	31			
			四迹	28			
		放音通道	双迹	36			
			四迹	33			
6	谐波失真/%	全通道（电压）		≤7			
7	通道平衡度/dB	（立体声）		≤3			
8	通道隔离/dB	相邻相关磁迹隔离度（串音）		≥22			
		相邻无关磁迹隔离度（分离）		≥40			

知识2　测量仪器、设备的选用及要求

本检验项目用的测试仪器、设备有音频信号发生器、电子毫伏表、失真度仪、示波器、数字频率计、带通滤波器、高通滤波器、抖晃仪、测试磁带等。

主要仪器设备要求如下。

（1）音频信号发生器

频率范围：20Hz～20kHz。

幅度误差：±1dB。

频率误差：±2%或±1Hz。

输出阻抗：≤600Ω。

（2）电子毫伏表

测量范围：1mV～100V。

频率范围：20Hz～20kHz，±3%。

测量误差：±2.5%。

频率误差：±2%，±1Hz。

输入电阻：≥500kΩ。

（3）失真仪

频率范围：20Hz～20kHz。

测量范围：1%～10%。

准确度：±5%。

输入电阻：≥500kΩ。

（4）示波器

频率范围：10Hz～200kHz。

输入电阻：≥500kΩ。

（5）数字频率计

测量频率范围：10Hz～1MHz。

频率测量精度：3×10^{-5}，±1个字。

输入波形：正弦波。

输入幅度：0.1～30V。

输入电阻：≥500kΩ。

（6）高通滤波器

截至频率：200Hz。

阻带衰减率：每倍频程衰减24dB以上。

（7）抖晃仪

频率范围：0.1Hz～200Hz。

测量频率：3150Hz。

指示方式：计权峰值。

读数方式：20测量方式。

什么是抖晃仪

抖晃仪是一种用于测量磁带、录像带、光盘、电影等的录音（像）或播放设备抖晃度的仪器。例如，ZN5971抖晃仪，采用"计权"电路；灵敏度高，具有0.01%的满刻度；测量中心频率分别为3kHz和3.15kHz。其他性能指标和使用方法请参考说明书。

议一议

1）复读机有哪几个主要的性能参数？其含义是什么？

2）复读机主要性能指标检验的操作指导书和作业注意书与我们平时实训时的实训指导书有什么区别和联系？

3）如何理解检验实训对测量仪器、设备的要求？它和我们平时的实训对仪器设备的要求有什么不同？

类别	检测项目	评分标准	分值	学生自评	教师评估
任务知识内容	复读机录放音部分主要性能参数的含义及技术要求	理解复读机录音部分主要性能参数的含义及技术要求	10		
	检验测量仪器、设备的选用及参数要求	理解检验测量仪器、设备的选用及参数要求	10		
	复读机检验规程和质量记录	理解并掌握复读机检验规程，能按检验操作指导书和作业注意书的要求进行检验测试，正确填写各项质量记录，提交完整的检验报告	20		
任务操作技能	复读机主要性能指标检验实训	完成复读机检验实训，正确填写各项质量记录，提交完整的检验报告	50		
	安全规范操作	安全用电、按章操作，遵守实训室管理制度	5		
	现场管理	按6S企业管理体系要求，进行现场管理	5		

实训1　语言复读机放音通道带速误差测试

依据复读机放音通道带速误差测试操作指导书和作业注意书进行，如表8-7和表8-8所示。

实训2　复读机抖晃率测试

依据复读机抖晃率测试操作指导书和作业注意书进行，如表8-9和表8-10所示。

实训3　复读机放音通道频率响应测试

依据复读机放音通道信噪比测试操作指导书和作业注意书进行，如表8-11和表8-12所示。

实训4　复读机放音通道信噪比测试

依据复读机放音通道信噪比测试操作指导书和作业注意书进行，如表8-13和表8-14所示。

实训5　复读机放音通道谐波失真测试

依据复读机放音通道谐波失真测试操作指导书和作业注意书进行，如表8-15和表8-16所示。

表 8-7 复读机放音通道带速误差测试操作指导书

机型	工程编号	工序内容	操作指导书	电子与信息技术专业	制定	审核	批准
	J801	复读机带速误差		电子产品检验实训			
				2009.04.01			

操作步骤:

①按照下列测试系统框图连接复读机、测试仪器和假负载工装;

②复读机通电,仪器通电;

③选择录有 3150Hz 信号的带速测试带,复读机处于干放音状态;

④用频率计测量放音时的输出信号频率,按照下式计算:

$$带速误差 = (f_2 - f_1)/f_1 \times 100\%$$

式中:f_1——测试带录音频率,$f_1 = 3150\text{Hz}$;

f_2——测试带放音频率,Hz。

在测量时,数字频率计的闸门时间应取 10s,测试应在测试带的带头与带尾两处进行,取较差值。

测试带 → 被测复读机 → 假负载 → 数字频率计

示波器

注:这里示波器起到监视波形的作用

内容		
序号	位号	标值
1		
2		
3		
4		
5		
6		

序号	工具、夹具、仪器	数量
1	假负载	1
2	通用示波器	1
3	测试带	1
4	数字频率计	1
5		
6		

更改	序号	更改日期	更改依据	具体实施	签名	确认

表 8-8　复读机放音通带速读差测试作业注意书

作 业 注 意 书

（工程编号：J802）		电子产品检验	确 认 部 门		发行：检验 QM
			批准	审核	制 定
序号	注 意 事 项			适用机型	实施日期
1	电路连接好以后再打开电源				2009.04.01
2	注意读数为频率值				
3					
4					
5					
	图　　解				

复读机
扬声器插座 ──→ 假负载 ──→ 数字频率计

备注：

表 8-9 复读机抖晃率测试操作指导书

操作指导书	工程编号	J803	工序内容	复读机抖晃率	电子与信息技术专业		制 定	审 核	批 准
					电子产品检验实训				
机 型					2009.04.01				

操作步骤：

① 按照下列测试系统框图连接复读机、测量仪器和假负载工装；

② 复读机通电，仪器通电；

③ 将抖晃率测试带放在被测复读机上放音，从抖速抖晃仪上直接读出抖晃率。测试应从测试带带头和带尾两处进行，取较差值。

内 容

序号	位 号	编 号	标 值
1			
2			
3			
4			
5			
6			

测试带 → 被测复读机 → 假负载 → 抖晃仪

序号	工具、夹具、仪器	数 量
1	假负载工装	1
2	抖晃仪	1
3	测试带	1
4		
5		
6		

更 改

序号	更改日期	更改依据	具体实施	签 名	确 认

表 8-10 复读机抖晃率测试作业注意书

作 业 注 意 书

	确 认 部 门			发行:检验 QM	
	电子产品检验	批 准	审 核	制 定	
（工程编号：J804）			适用机型		实施日期
					2009.04.01

序号	注 意 事 项
1	电路连接好以后再打开电源
2	抖晃仪的量程选择尽可能使被测数值在仪表满刻度的 2/3 以上
3	被测复读机的音量放在额定放音状态
4	
5	

图 解

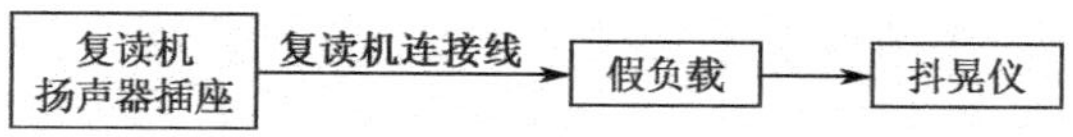

复读机
扬声器插座 → 复读机连接线 → 假负载 → 抖晃仪

备注:

表 8-11 复读机放音通道频率响应测试操作指导书

机型	工程编号	工序内容	电子与信息技术专业	制定	审核	批准
	J805	复读机放音频率响应	电子产品检验实训			
			2009.04.01			

操作指导书

内容

序号	位号	编号	标值
1			
2			
3			
4			
5			
6			

操作步骤:

① 按照下列测试系统框图连接被测复读机,测试仪器和假负载工装;
② 复读机通电,仪器通电;
③ 调节复读机音量旋钮,使复读机输出端处于额定放音状态;
④ 选择频响测试带,测得各频率点输出电平。

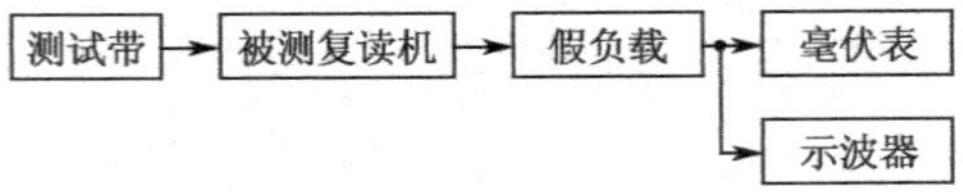

测试带 → 被测复读机 → 假负载 → 毫伏表
　　　　　　　　　　　　　　　　 → 示波器

注:这里示波器起到监视波形的作用

工具、夹具、仪器

序号	工具、夹具、仪器	数量
1	假负载工装	1
2	毫伏表	1
3	示波器	1
4	测试带	1
5		
6		

更改

序号	更改日期	更改依据	具体实施	签名	确认

表 8-12 复读机放音通道频率响应测试作业注意书

作 业 注 意 书

（工程编号：J806）

		确认部门		发行：检验 QM	
	电子产品检验	批准	审核	制 定	
			适用机型	实施日期	
				2009.04.01	

序号	注 意 事 项	图 解
1	接线连接好以后再打开电源	
2	电子毫伏表的量程选择尽可能使被测数值在仪表满刻度的 2/3 以上	
3	被测复读机的音量放在额定放音状态	
4	示波器起到监视作用	
5		

图解部分：

复读机扬声器插座 → 复读机连接线 → 假负载 → 毫伏表 / 示波器

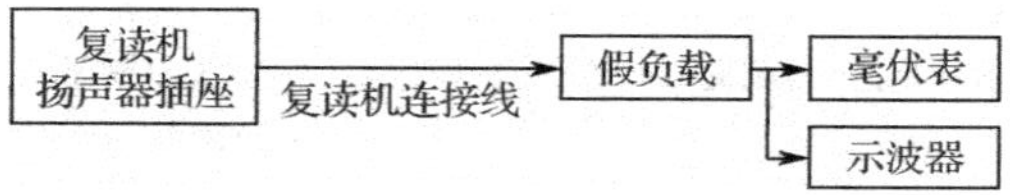

备注：

表8-13 复读机放音通道信噪比测试操作指导书

机型	工程编号	工序内容	操作指导书	电子与信息技术专业	制定	审核	批准
	J807	复读机放音通道信噪比		电子产品检验实训			
				2008.03.01			

操作步骤：

① 按照下列测试系统框图连接被测复读机、测试仪器、A 计权网络和假载工装；

② 复读机通电，测量仪器通电；

③ 加无磁粉测试带，调节复读机音量旋钮，使复读机输出电平为 0dB；

④ 保持音量开关不变，放无磁粉测试带，放音通道测放音输出电平；

⑤ 此时电平表读数即为放音通道信噪比，用 dB 表示。

测试带 → 被测复读机 → 假负载 → A计权网络 → 交流毫伏表

序号	位号	编号	标值	内容
1				
2				
3				
4				
5				
6				

序号	工具、夹具、仪器	数量
1	A 计权网络	1
2	交流毫伏表	1
3	无磁粉测试带	1
4		
5		
6		

更改

序号	更改依据	更改日期	具体实施	签名	确认

表 8-14 复读机放音通道信噪比测试作业注意书

作 业 注 意 书

（工程编号：J808）

确认部门			发行：检验 QM	
电子产品检验	批准	审核	制定	
		适用机型	实施日期	
			2009.04.01	

序号	注 意 事 项
1	接线连接好以后再打开电源
2	测试仪表的量程选择尽可能使被测数值在仪表满刻度的 2/3 以上
3	被测复读机的音量放在输出 0dB 处
4	测量噪声电平时用的是无磁粉测试带
5	

图 解

图

复读机
扬声器插座 → 复读机连接线 → 假负载 → A计权网络 → 毫伏表

备注：

表 8-15 复读机放音通道谐波失真测试操作指导书

机 型	工程编号	工序内容	操作指导书	电子与信息技术专业	制 定	审 核	批 准
	J809	复读机放音通道谐波失真		电子产品检验实训			
				2009.04.01			

操作步骤:

① 按照下列测试系统框图连接被测复读机、测试仪器、假负载工装和 200Hz 的高通滤波器工装;

② 复读机通电,仪器通电;

③ 调节复读机音量旋钮,使复读机输出音量最大;

④ 音频信号发生器通过线路将输入信号送到复读机的放音部分,信号频率为 1kHz,电平为 0dB。测其谐波失真。

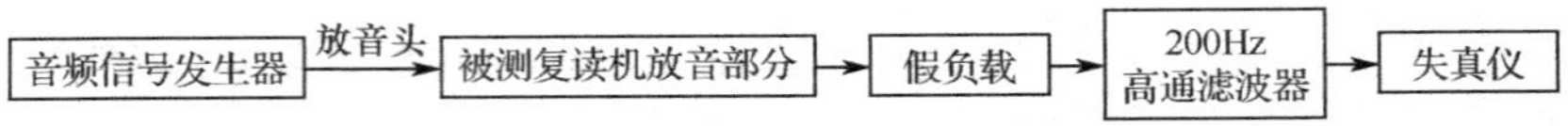

音频信号发生器 → 放音头 → 被测复读机放音部分 → 假负载 → 200Hz 高通滤波器 → 失真仪

内 容

序号	位 号	编 号	标 值
1			
2			
3			
4			
5			
6			

工具、夹具、仪器

序号		数量
1	高通滤波器	1
2	失真仪	1
3	假负载	1
4	音频信号发生器	1
5		
6		

更 改

序号	更改日期	更改依据	具体实施	确 认
				签 名

表 8-16 复读机放音通道谐波失真测试作业注意书

作 业 注 意 书

工程编号:J810		确 认 部 门		发行:检验 QM	
	电子产品检验	批 准	审 核	制 定	
			适用机型		实施日期
					2009. 04. 01

序号	注 意 事 项
1	接线连接好以后再打开电源
2	音频信号发生器的输出要调至标准要求
3	被测复读机的音量放在最大位置
4	低频干扰严重时,加 200Hz 高通滤波器
5	

图 解

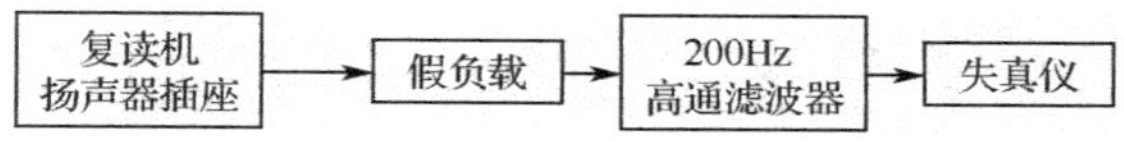

复读机
扬声器插座 → 假负载 → 200Hz
高通滤波器 → 失真仪

备注:

要求：

1）检验项目的测量方法严格执行相应的"操作指导书"和"作业注意书"进行。

2）考虑到学校实训条件的限制，本项目只选择一些对设备环境要求不高的几个项目进行检验。在实训中要求填写各项质量记录，报告项目检验结果，出具产品检验报告。

项 目 小 结

本项目介绍了电子测量技术在电子产品检验中的应用。为完成电子产品（语言复读机）检验实训项目，简要介绍了产品检验的基础知识和电子产品检验工艺。进行了语言复读机的五项主要性能参数的检验测试实训。

思考与练习

1. 电子产品检验工作包括哪些内容？

2. 参考复读机复读部分主要电性能参数相关标准，编制一份复读机复读部分一项参数的操作指导书和作业注意书。

3. 谈谈电子测量技术在产品检验中的应用。

参 考 文 献

陈尚松，雷加，郭庆. 2006. 电子测量与仪器. 北京：电子工业出版社.

管莉. 2006. 电子产品检验实习. 2版. 北京：电子工业出版社.

管莉. 2008. 电子测量与产品检验（项目教程）. 北京：机械工业出版社.

蒋焕文，孙续. 1988. 电子测量. 2版. 北京：中国计量出版社.

李春雷，管莉. 2003. 电子测量技术与电子产品检验. 北京：电子工业出版社.

李明生. 2006. 电子测量与仪器. 北京：高等教育出版社.

陆绮荣. 2007. 电子测量技术. 2版. 北京：电子工业出版社.

孟凤果. 2007. 电子测量技术. 北京：机械工业出版社.

徐洁. 2007. 电子测量与仪器. 北京：机械工业出版社.

张永瑞，刘振起，杨林耀，等. 1994. 电子测量技术基础. 西安：西安电子科技大学出版社.